四川省示范中等职业学校建设创新教材

数控加工技术

丁　伟　庞先明　主　编

闵云春　焦旭东　黄书兰　副主编

天津出版传媒集团

天津科学技术出版社

内 容 简 介

本书是按照数控加工技术岗位能力的要求，参考国家职业标准，并结合编者多年的数控教学经验编写的，具体内容包括数控加工基础知识、数控车削加工技术、数控铣削加工技术和特种数控加工。本书内容全面、系统，重点突出，强调理论联系实际，构思科学，编写合理，图文并茂，各章节既相互联系，又有一定的独立性。

本书既可作为中职机电类专业学生的教学用书，也可作为从事数控加工技术开发与应用的工程技术人员的参考用书。

图书在版编目（CIP）数据

数控加工技术/丁伟，庞先明主编. 一天津：天津科学技术出版社，2022.5

ISBN 978-7-5742-0075-3

Ⅰ.①数… Ⅱ.①丁… ②庞… Ⅲ.①数控机床-加工 Ⅳ.①TG659

中国版本图书馆 CIP 数据核字（2022）第 103052 号

数控加工技术

SHUKONG JIAGONG JISHU

责任编辑：陈震维

责任印制：赵宇伦

出版：　**天津出版传媒集团**
　　　　　天津科学技术出版社

地　　址：天津市和平区西康路 35 号

邮　　编：300051

电　　话：（022）23332369（编辑部）

网　　址：www.tjkjcbs.com.cn

发　　行：新华书店经销

印　　刷：北京时尚印佳彩色印刷有限公司

开本 787×1092　1/16　印张 7.5　字数 175 000

2022 年 5 月第 1 版第 1 次印刷

定价：35.00 元

前　言

　　随着现代科学技术的迅速发展，数控加工技术已在产品制造中得到了广泛应用，这使得零件加工的精度和效率大大提高。产品的加工制造需要大量的数控专业人才，而一线技术人才的缺乏是很多企业面临的问题。为了适应国家紧缺型人才培养的需要，编者按照数控加工技术岗位能力的要求，参考国家职业标准，结合多年的数控教学经验编写了本书。

　　本书以能力培养为目标，以数控加工实践为主线，根据中等职业学校学生的认知规律，依据知识"必需、够用、实用"的原则编写教学内容。具体内容包括数控加工基础知识、数控车削加工技术、数控铣削加工技术和特种数控加工。

　　本书由四川省江安县职业技术学校丁伟、庞先明担任主编，闵云春、焦旭东、黄书兰担任副主编。

　　由于编者水平和经验有限，书中难免存在不足之处，恳请广大读者批评指正。

编　者

目　　录

第一章　数控加工基础知识

第一节　数控机床的产生和发展趋势

一、数控机床的产生

社会需求是推动生产力发展最有力的因素。20 世纪 40 年代以来，由于航空航天技术的飞速发展，人们对于各种飞行器的加工提出了更高的要求，这些零件大多形状非常复杂，材料多为难加工的合金。用传统的机床和工艺方法进行加工，不能保证精度，也很难提高生产效率。为了解决零件复杂形状表面的加工问题，1952 年，美国帕森斯（Parsons）公司和麻省理工学院（MIT）成功研制了世界上第一台数控机床。半个世纪以来，数控技术得到了迅猛的发展，加工精度和生产效率不断提高。数控机床的发展至今已经历了 2 个阶段和 6 代产品。

1. 数控阶段（1952～1970 年）

早期的计算机运算速度低，不能适应机床实时控制的要求，人们只好用数字逻辑电路"搭"成一台机床专用计算机作为数控系统，这就是硬件连接数控，简称数控（numerical control，NC）。随着电子元器件的发展，这个阶段经历了 3 代，即

1952 年的第一代——电子管数控机床；

1959 年的第二代——晶体管数控机床；

1965 年的第三代——集成电路数控机床。

2. 计算机数控阶段（1970 年至今）

1970 年，通用小型计算机已出现并投入成批生产，人们将它移植过来作为数控系统的核心部件，从此数控系统进入计算机数控（computer numerical control，CNC）阶段。这个阶段也经历了 3 代，即

1970 年的第四代——小型计算机数控机床；

1974 年的第五代——微型计算机数控机床；

1990 年的第六代——基于 PC（personal computer，个人计算机）的数控机床。

随着微电子技术和计算机技术的不断发展，数控技术也随之不断更新，发展非常迅速，几乎每 5 年更新换代一次，其在制造领域的加工优势逐渐体现出来。

二、数控机床的发展趋势

当前世界上数控机床的发展呈现以下趋势。

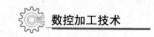

1. 高速、高精度、高效、高可靠性

要提高加工效率，必须提高切削速度和进给速度；要确保加工质量，必须提高机床部件运动轨迹的精度，而可靠性则是上述目标的基本保证。为此，必须要有高性能的数控装置作保证。

2. 柔性化、集成化

为适应制造自动化的发展，向柔性制造单元（flexible manufacturing cell，FMC）、柔性制造系统（flexible manufacturing system，FMS）和计算机集成制造系统（computer integrated manufacturing system，CIMS）提供基础设备，要求数控系统不仅能完成通常的加工功能，还应具备自动测量、自动上下料、自动换刀、自动更换主轴头（有时带坐标变换）、自动误差补偿、自动诊断、进线和联网功能，特别是依据用户的不同要求，可方便地灵活配置及集成。

3. 智能化、网络化

智能化的内容包括在数控系统中的各个方面。为追求加工效率和加工质量方面的智能化，如自适应控制、工艺参数自动生成；为提高驱动性能及使用连接方便方面的智能化，如前馈控制、电机参数的自适应运算、自动识别负载、自动选定模型、自整定等；简化编程、简化操作方面的智能化，如智能化的自动编程、智能化的人机界面等；还有智能诊断、智能监控方面的内容，方便系统的诊断及维修等。

4. 普及型、个性化

为了适应数控机床多品种、小批量的特点，数控系统生产厂家不仅应能生产通用的普及型数控系统，还应能生产带有个性化的数控系统，特别是能够设计、生产由用户自己增加专有功能的普及型数控系统，这是市场份额最大的数控系统，也是最有竞争力的数控系统，这也是个性化的体现。

5. 开放性

为适应数控进线、联网、普及型、个性化、多品种、小批量、柔性化及数控迅速发展的要求，数控领域的发展趋势是体系结构的开放性，设计生产开放式的数控系统。

第二节　数控机床概述

一、数字控制与数控机床的概念

1. 数字控制的概念

数字控制（numerical control，NC）是近代发展起来的一种自动控制技术，国家标准 GB/T 8129—2015 定义为"用数值数据的控制装置，在运行过程中，不断地引入数值数据，从而对某一生产过程实现自动控制"，简称"数控"（NC）。通常使用专门的计算机，操作指令以数字形式表示，机器设备按照预定的程序进行工作。

2. 数控机床的概念

数控机床（numerical control machine tools）就是采用了数控技术的机床。国际信息处理联盟（International Federation of Information Processing）第五技术委员会对数控机床作了如下定义："数控机床是一个装有程序控制系统的机床，该系统能够逻辑地处理具有使用代码，或其他符号编码指令规定的程序。"换言之，数控机床是一种采用计算机，利用数字进行控制的高效、能自动化加工的机床，它能够按照国际或国家，甚至生产厂家所制造的数字和文字编码方式，把各种机械位移量、工艺参数（如主轴转速、切削速度）、辅助功能（如刀具变换、切削液自动供停等），用数字、文字符号表示出来，经过程序控制系统，即数控系统的逻辑处理与计算，发出各种控制指令，实现要求的机械动作，自动完成加工任务。在被加工零件或加工作业变换时，它只需改变控制的指令程序就可以实现新的控制。所以，数控机床是一种灵活性很强、技术密集度及自动程度很高的机电一体化加工设备，适用于中小批量生产，也是柔性制造系统里必不可少的加工单元。

3. 数控技术与数控机床的应用

数控技术和数控机床是实现柔性制造（flexible manufacturing，FM）和计算机集成制造（computer integrated manufacturing，CIM）的重要基础技术之一。数控机床及其数控设备是制造系统最基本的加工单元。随着微电子技术、计算机技术、自动控制和精密测量技术的不断发展和迅速应用，在制造业中，数控技术和数控机床也早已从研制走向实用，并不断更新换代，向高速度、多功能、智能化、开放型及高可靠性等方面迅速发展。当前，柔性自动化（单机和生产系统）是世界机械电子工业发展的趋势。数控技术的应用，数控机床的生产量已成为衡量一个国家工业化程度和技术水平的重要标志。

二、数控机床的组成

数控机床的基本结构如图 1-1 所示，下面对其各组成部分加以介绍。

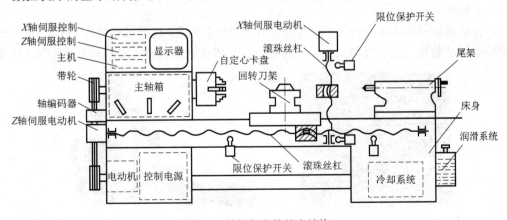

图 1-1　数控机床的基本结构

（1）输入装置

数控加工程序可通过键盘，用手工方式直接输入数控系统。

（2）数控装置。

数控装置是数控机床的中枢。数控装置从内部存储器中取出或接收输入装置送来的一段或几段数控加工程序，经过数控装置的逻辑电路或系统软件进行编译、运算和逻辑处理后，输出各种控制信息和指令，控制机床各部分的工作，使其进行规定的有序运动和动作。

零件的轮廓图形往往由直线、圆弧或其他非圆弧曲线组成，刀具在加工过程中必须按零件形状和尺寸的要求进行运动，即按图形轨迹移动。数控装置主板如图1-2所示。

（3）驱动装置和检测装置

驱动装置接收来自数控装置的指令信息，经功率放大后，严格按照指令信息的要求驱动机床的移动部件，以加工出符合图样要求的零件。图1-3所示为伺服电动机。

图1-2　数控装置主板　　　　　　　　图1-3　伺服电动机

（4）辅助控制装置

辅助控制装置的主要作用是接收数控装置输出的开关量指令信号，经过编译、逻辑判别和运算，再经功率放大后驱动相应的电器，带动机床的机械、液压、气动等辅助装置完成指令规定的开关量动作。这些控制包括：主轴运动部件的变速、换向和启停指令；刀具的选择和交换指令；冷却、润滑装置的启停；工件和机床部件的松开、夹紧，分度工作台转位分度等开关辅助动作。

现广泛采用可编程控制器（programmable logical controller，PLC）作为数控机床的辅助控制装置，如图1-4所示。

（5）机床本体

数控机床的机床本体与传统机床相似，由主轴传动装置、进给传动装置、床身、工作台，以及辅助运动装置、液压气动系统、润滑系统、冷却装置等组成。图1-5所示为排屑装置。

图1-4　PLC　　　　　　　　　　　图1-5　排屑装置

三、数控机床的工作原理

数控机床是使用数字化的信息来实现自动控制的。将与加工零件有关的信息（工件与刀具相对运动轨迹的尺寸参数、切削加工的工艺参数，以及各种辅助操作用规定的文字、数字和字符组成的代码）按一定的格式编写成加工程序单（数字化），将加工程序通过控制介质输入数控装置中，由数控装置经过分析处理后，发出与加工程序相对应的信号和指令控制机床进行自动加工。数控系统控制图如图 1-6 所示。

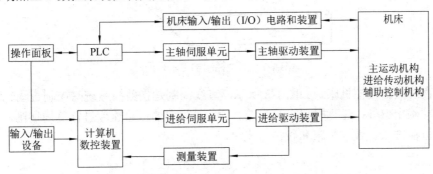

图 1-6　数控系统控制图

四、数控机床的分类

1. 按加工方式和工艺用途分类

（1）普通数控机床。有车、铣、钻、镗、磨床等，而且每一类中又有很多品种。这类机床的工艺性能和通用机床相似，所不同的是，它能加工具有复杂形状的零件，如数控车床、数控铣床、数控磨床等。

（2）加工中心机床。这是一种在普通数控机床上加装一个刀具库和自动换刀装置而构成的数控机床。它和普通数控机床的区别是：工件经一次装夹后，数控系统能控制机床自动地更换刀具，连续自动地对工件各加工面进行铣（车）、镗、钻、铰、攻螺纹等多工序加工，故此，有些资料上又称其为多工序数控机床，如（镗铣类）加工中心、车削中心、钻削中心等。

（3）金属成形类数控机床。这类机床有数控冲床、数控折弯机、数控弯管机、数控回转头压力机等。

（4）数控特种加工机床。这类机床有数控线（电极）切割机床、数控电火花加工机床、数控激光加工机床等。

（5）其他类型的数控机床。这类机床有数控装配机、数控三坐标测量机等。

2. 按运动方式分类

（1）点位控制数控机床。如图 1-7 所示，点位控制是指数控系统只控制刀具或工作台从一点移至另一点的准确定位，然后进行定点加工，而点与点之间的路径不需控制。采用这类控制的有数控钻床和数控镗床等。

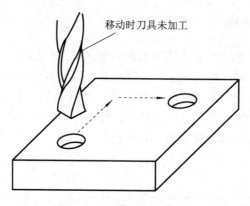

移动时刀具未加工

图 1-7　点位控制加工示意图

（2）直线控制数控机床。如图 1-8 所示，直线控制是指数控系统除控制直线轨迹的起点和终点的准确定位外，还要控制在这两点之间，以指定的进给速度进行直线切削。采用这类控制的有数控铣床、数控车床和数控磨床等。

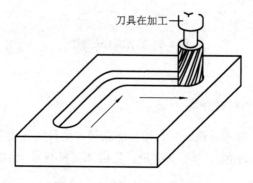

刀具在加工

图 1-8　直线控制加工示意图

（3）轮廓控制数控机床。轮廓控制亦称连续轨迹控制，如图 1-9 所示，能够连续控制两个或两个以上坐标方向的联合运动。为了使刀具按规定的轨迹加工工件的曲线轮廓，数控装置具有插补运算的功能，使刀具的运动轨迹以最小的误差逼近规定的轮廓曲线，并协调各坐标方向的运动速度，以便在切削过程中始终保持规定的进给速度。采用这类控制的有：数控铣床、数控车床、数控磨床和加工中心等。

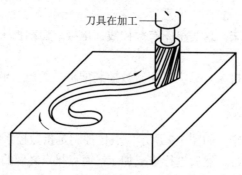

刀具在加工

图 1-9　轮廓控制加工示意图

3. 按控制系统分类

目前，市面上占有率较大的有：发那科（FANUC）、广数、华中、西门子数控系统等。

五、数控机床的特点

数控机床是一种高效能的自动加工机床，其特点如下：

1. 加工精度高

数控机床是按数字形式给出的指令进行加工的。目前，数控机床的脉冲当量普遍达到了0.001mm，而且进给传动链的反向间隙与丝杠螺距误差等均可由数控装置进行补偿，因此，数控机床能达到很高的加工精度。

2. 加工适应性强

在数控机床上改变加工零件时，只须重新编制程序，输入新的程序即可实现对新零件的加工，这就为复杂结构的单件、小批量生产以及试制新产品提供了极大的便利。对那些普通手工操作的普通机床很难加工或无法加工的精密复杂零件，数控机床也能实现自动加工。

3. 自动化程度高，劳动强度低

数控机床对零件的加工是按事先编好的程序自动完成的，操作者除了安放穿孔带或操作键盘、装卸工件、对关键工序的中间检测以及观察机床运行之外，不需要进行复杂的重复性手工操作，劳动强度与紧张程度均可大为减轻。另外，数控机床通常有较好的安全防护、自动排屑、自动冷却和自动润滑装置，操作者的劳动条件也大为改善。

4. 生产效率高

零件加工所需的时间主要包括机动时间和辅助时间两部分。数控机床主轴的转速和进给量的变化范围比普通机床大，因此，数控机床的每一道工序都可选用最有利的切削用量。数控机床的结构刚性好，因此允许进行大切削量的强力切削，这就提高了切削效率，节省了机动时间。因为数控机床移动部件的空行程运动速度快，所以，工件的装夹时间、辅助时间比一般机床少。

5. 经济效益良好

数控机床虽然价格高昂，加工时分到每个零件上的设备折旧费高，但是在单件、小批量生产的情况下，使用数控机床加工，可节省画线工时，减少调整、加工和检验时间，节省了直接生产费用。使用数控机床加工零件一般不需要制作专用夹具，节省了工艺装备费用；数控加工精度稳定，减少了废品率，使生产成本进一步下降。数控机床可实现一机多用，节省厂房面积，节省建厂投资。因此，使用数控机床仍可获得良好的经济效益。

六、数控机床的加工范围

数控机床是一种可编程的通用加工设备，但因设备投资费用较高，目前还不能用数控机床完全替代其他类型的设备，因此，数控机床的选用有其一定的适用范围。图 1-10 可粗略地表示数控机床的应用范围。从图 1-10（a）可看出，通用机床多适用于零件结构不太复杂、生产批量较小的场合；专用机床适用于生产批量很大的零件；数控机床对于形状复杂的零件，尽管批量小也同样适用。随着数控机床的普及，数控机床的适用范围也愈来愈广，对一些形状不太复杂而重复工作量很大的零件，如印制电路板的钻孔加工等，由于数控机床生产率高，也已大量使用。因而，数控机床的适用范围已扩展到图 1-10（a）中阴影所示的范围。

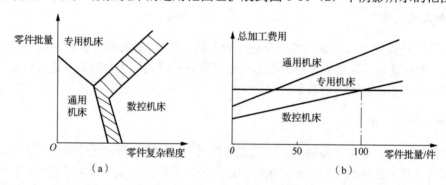

图 1-10　数控机床的加工范围

图 1-10（b）表示当采用通用机床、专用机床及数控机床加工时，零件生产批量与零件总加工费用之间的关系。据有关资料统计，当生产批量在 100 件以下，用数控机床加工具有一定复杂程度的零件时，加工费用最低，能获得较高的经济效益。

由此可见，数控机床最适宜加工以下类型的零件：

① 生产批量小的零件（100 件以下）。

② 需要进行多次改型设计的零件。

③ 加工精度要求高、结构形状复杂的零件，如箱体类，曲线、曲面类零件。

④ 需要精确复制和尺寸一致性要求高的零件。

⑤ 价格高昂的零件，这种零件虽然生产量不大，但是如果加工中因出现差错而报废，将产生巨大的经济损失。

第三节　典型数控系统简介

数控系统是数字控制系统的简称，早期与计算机并行发展演化，用于控制自动化加工设备。由电子管和继电器等硬件构成的具有计算能力的专用控制器称为硬件数控。20 世纪 70 年代以后，分立的硬件电子元件逐步由集成度更高的计算机处理器代替，称为计算机数控系统。

计算机数控系统是根据计算机存储器中存储的控制程序，执行部分或全部数值控制功能，并配有接口电路和伺服驱动装置，用于控制自动化加工设备的专用计算机系统。

数控系统由数控程序存储装置（从早期的纸带到磁环，再到磁带、磁盘，直至目前计算机通用的硬盘）、计算机控制主机（从专用计算机进化到 PC 体系结构的计算机）、PLC、主轴驱动装置和进给（伺服）驱动装置（包括检测装置）等组成。

由于逐步使用通用计算机，数控系统日趋具有了以软件为主的色彩，又用 PLC 代替了传统的机床电气逻辑控制装置，使系统更小巧，其灵活性、通用性、可靠性更好，易于实现复杂的数控功能，使用、维护也方便，并具有与网络连接及进行远程通信的功能。

本节主要介绍国内外常见的数控系统，包括数控系统生产厂商、数控系统型号及典型数控系统的特点。

一、国内代表产品

1. 南京华兴数控系统

南京华兴数控技术有限公司的代表产品有 WA-21DT、WA-21SN 数控系统，主要用于经济型数控车床。其中，WA-21D 数控系统采用全数字式交流伺服单元或三相矢量细分步进电动机，分辨力达到 0.001mm，具有较高的性价比。

2. 广州数控系统

广州数控设备有限公司拥有车床数控系统，钻、铣床数控系统，加工中心数控系统，磨床数控系统等多领域的数控系统。其中，GSK27 系统采用多处理器实现纳米（nm）级控制；人性化人机交互界面，菜单可配置，根据人体工程学设计，更符合操作人员的加工习惯；采用开放式软件平台，可以轻松与第三方软件连接。

3. 华中数控

华中数控系统有限公司生产的数控装置拥有自主知识产权，其系列产品分为高、中、低3 个档次。其中，HNC-8 系列数控系统是华中数控 2010 年通过自主创新研发的基于多处理器的总线式高档数控装置。该系统采用双 CPU 模块的上下位机结构，模块化、开放式体系结构，基于具有自主知识产权的 NCUC 工业现场总线技术；具有多通道控制技术、五轴加工、高速高精度、车铣复合、同步控制等高档数控系统的功能，采用 15″ 液晶显示屏，主要应用于高速、高精、多轴、多通道的立式、卧式加工中心，车铣复合，五轴龙门机床等。

除上述产品外，国内还有以北京凯恩帝数控系统 KND100T、北京航空数控系统 CASNUC 2100 为代表的数控车床控制系统。

二、日本代表产品

1. 日本 FANUC 数控系统

日本富士通公司的 FANUC 数控系统是在中国得到广泛应用的数控系统之一。FANUC 数控系统有如下几种典型产品系列：

（1）高可靠性的 PowerMate 0 系列。该系列数控系统用于控制二轴的小型车床，取代步进电动机的伺服系统；可配画面清晰、操作方便、中文显示的 CRT/MDI 面板，也可配性价比高的 DPL/MDI 面板。

（2）普及型 CNC 0-D 系列。该系列数控系统中的 0-TD 用于车床；0-MD 用于铣床及小

型加工中心；0-GCD 用于内、外圆磨床；0-GSD 用于平面磨床；0-PD 用于冲床。

（3）全功能型的 0-C 系列。该系列数控系统中的 0-TC 用于通用车床、自动车床；0-MC 用于铣床、钻床、加工中心；0-GCC 用于内、外圆磨床；0-GSC 用于平面磨床；0-TTC 用于双刀架四轴车床。

（4）高性价比的 0i 系列。该系列数控系统配置整体软件功能包，可进行高速、高精度加工，并具有网络功能。0i-MB/MA 用于加工中心和铣床，四轴四联动；0i-TB/TA 用于车床，四轴二联动；0i-Mate MA 用于铣床，三轴三联动；0i-Mate TA 用于车床，二轴二联动。

（5）具有网络功能的超小型、超薄型 CNC 16i/18i/21i 系列。

2. 日本三菱数控系统

日本三菱电机公司从 1956 年开始数控系统的研发，至今已有 60 多年的历史，对数控系统的开发经验丰富，且生产的数控系统性能优越。但是由于进入中国市场的时间较晚，国内用户大多是从国外引进的设备上了解三菱数控系统的。随着三菱电机公司对中国市场的日趋重视，目前，三菱数控系统在中国市场的占有率已经跻身中高端数控系统的前三甲，其产品性能也不断得到市场和广大用户（尤其是模具行业）的认可。作为一般通用数控系统，三菱数控从较早的 M3/M50/M500 系列到 M60S/E60/E68 系列，其经历了数代产品更替。M3/L3 数控系统是三菱电机公司 20 世纪 80 年代中期开发的适用于数控铣床、加工中心（3M）与数控车床（3L）控制的全功能型数控系统产品。20 世纪 90 年代中期，三菱公司又开发了 MELDAS50 系列数控系统。其中，根据不同的用途，MELDAS50 系列又分为钻床控制用 50D，铣床/加工中心用 50M，车床控制用 50L，磨床控制用 50G 等多个产品规格。2008 年，三菱电机公司推出了一体化的 M70 系列产品，相对高端的 M700 系列而言，其具有更高的性价比。

工业中常用的三菱数控系统有 M700V 系列、M70V 系列、M70 系列、M60S 系列、E68 系列、E60 系列、C6 系列、C64 系列、C70 系列等。

3. 日本 MAZAK 数控系统

日本山崎马扎克（MAZAK）公司成立于 1919 年，主要生产 CNC 车床、复合车铣加工中心、立式加工中心、卧式加工中心、CNC 激光系统、柔性生产系统、CAD/CAM 系统、CNC 装置和支持软件等。

Mazatrol Fusion 640 数控系统在世界上首次使用了 CNC 和 PC 融合技术，实现了数控系统的网络化、智能化功能。数控系统直接接入因特网，即可接受小巨人机床有限公司提供的 24 小时网上在线维修服务。

三、欧盟代表产品

1. 德国西门子数控系统

西门子数控系统（SINUMERIK）是德国西门子公司的产品。SINUMERIK 不仅意味着一系列数控产品，其力度在于生产一种适合于各种控制领域不同控制需求的数控系统，其构成只需很少的部件，且具有高度的模块化、开放性及规范化的结构，适于操作、编程和监控。

西门子数控系统在中国的使用非常广泛，它的主流产品主要有 SIUMERIK 802S、802C、802D、810D 及 840D 等。其中，802D 是与德国同步推出的新产品，适用于全功能型数控车床，实现四轴驱动，840D 是采用全数字模块化数控设计的高端数控产品，用于复杂数控机床，810D 是控制轴数可达六轴的高度集成数控产品，802C/S 则是面向中国企业推出的经济型数控系统，具有较高的性价比和强大的功能，802C 是伺服驱动版本，802S 是步进驱动版本。

2. 德国海德汉数控系统

德国海德汉公司主要研制生产光栅尺、角度编码器、旋转编码器、数显装置和数控系统。海德汉公司的产品被广泛应用于机床、自动化机器，尤其是半导体和电子制造业等领域。

海德汉的 iTNC 530 是适合铣床、加工中心或需要优化刀具轨迹控制的加工过程的通用性控制系统，属于高端数控系统。该系统的数据处理时间比之前的 TNC 系列产品快 8 倍，所配备的"快速以太网"通信接口能以 100Mbit/s 的速率传输程序数据，比之前的系列产品快了 10 倍，新型程序编辑器具有大型程序编辑能力，可以快速插入和编辑信息程序段。

3. 法国 NUM 数控系统

法国施耐德电气公司是当今世界上最大的自动化设备供应商之一，专门从事 CNC 数控系统的开发和研究。NUM 公司是施耐德电气公司的子公司，欧洲第二大数控系统供货商，其生产的主要产品有 NUM1020/1040、NUM1020M、NUM1020T、NUM1040M、NUM1040T、NUM1060、NUM1050、NUM 驱动及电动机。

4. 西班牙 Fagor 数控系统

发格自动化（Fagor Automation）公司是世界著名的数控系统、数显表和光栅测量系统的专业制造商，隶属于西班牙蒙德拉贡集团公司，成立于 1972 年，侧重于机床自动化领域的发展，其产品系列涵盖了数控系统、伺服驱动/电机/主轴系统、光栅尺、旋转编码器及高分辨率高精度角度编码器、数显表等。

第四节　数控编程基础

一、数控编程的内容及步骤

一般来讲，数控编程过程的主要内容包括分析零件图样、工艺处理、数值计算、编写加工程序单、制作控制介质、程序校验和首件试切。

1. 分析零件图样

分析零件的材料、形状、尺寸、精度、批量、毛坯形状和热处理要求等，以便确定该零件是否适合在数控机床上加工，或者适合在哪种数控机床上加工，同时要明确加工的内容和要求。

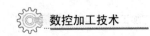

2. 工艺处理

在分析零件图样的基础上，进行工艺分析，确定零件的加工方法（如采用的工夹具、装夹定位方法等）、加工路线（如对刀点、换刀点、进给路线等）及切削用量（如主轴转速、进给速度和背吃刀量等）等工艺参数。数控加工工艺分析与处理是数控编程的前提和依据，而数控编程就是将数控加工工艺内容程序化。制定数控加工工艺时，要合理地选择加工方案，确定加工顺序、加工路线、装夹方式、刀具及切削参数等；考虑所用数控机床的指令功能，充分发挥机床的效能；尽量缩短加工路线，正确选择对刀点、换刀点，减少换刀次数，并使数值计算方便；合理选取起刀点、切入点和切入方式，保证切入过程平稳；避免刀具与非加工面的干涉，保证加工过程安全可靠等。

3. 数值计算

根据零件图样的几何尺寸、确定的工艺路线及设定的坐标系，计算零件粗、精加工运动的轨迹，得到刀位数据。对于形状比较简单的零件（如由直线和圆弧组成的零件）轮廓的加工，要计算几何元素的起点和终点、圆弧的圆心、两几何元素的交点或切点的坐标值。如果数控装置无刀具补偿功能，还要计算刀具中心的运动轨迹坐标值。对于形状比较复杂的零件（如由非圆曲线、曲面组成的零件），需要用直线段或圆弧段逼近，根据加工精度的要求计算节点坐标值。这种数值计算一般要用计算机来完成。

4. 编写加工程序单

根据加工路线、切削用量、刀具号码、刀具补偿量、机床辅助动作及刀具运动轨迹，按照数控系统使用的指令代码和程序段的格式编写零件加工的程序单，并校核上述两个步骤的内容，纠正其中的错误。

5. 制作控制介质

把编制好的程序单上的内容记录在控制介质上，作为数控装置的输入信息。通过程序的手工输入或通信传输送入数控系统。

6. 程序校验和首件试切

编写的程序单和制备好的控制介质，必须经过校验和试切才能正式使用。校验的方法是直接将控制介质上的内容输入数控系统，让机床空运转，以检查机床的运动轨迹是否正确。在有 CRT 图形显示系统的数控机床上，用模拟刀具与工件切削过程的方法进行检验更为方便，但这些方法只能检验运动是否正确，不能检验被加工零件的加工精度。因此，还需要进行零件的首件试切。当发现有加工误差时，分析误差产生的原因，找出问题，加以修正，直至达到零件图样的要求。

二、数控编程的方法

数控加工程序的编制方法主要有两种：手工编程和自动编程。

1. 手工编程

手工编程是指由人工来完成数控编程中各个阶段的工作，如图 1-11 所示。

一般对几何形状不太复杂的零件，所需的加工程序段不多，计算比较简单，用手工编程比较合适。特别是在数控车床的编程中，手工编程至今仍广泛用于点位、直线、圆弧组成的轮廓加工中。

但手工编程耗费时间较长，出错率高，无法胜任复杂形状零件的编程。

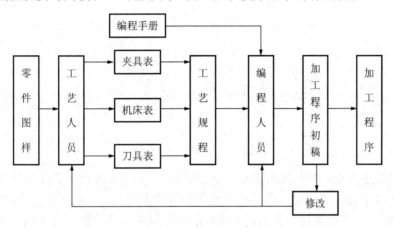

图 1-11　手工编程流程图

2. 自动编程

自动编程是指利用计算机专用软件编制数控加工程序。编程人员只需根据零件图样的要求，使用数控语言，由计算机自动进行数值计算及后置处理，编写零件加工程序单，将加工程序通过直接通信的方式送入数控机床，控制机床进行加工。自动编程使得一些计算烦琐、手工编程困难或者无法编制的程序能够顺利地完成。

三、数控机床坐标系

1. 机床相对运动的规定

在机床上，我们始终认为工件是静止的，而刀具是运动的。这样编程人员在不考虑机床上的工件与刀具具体运动的情况下，可以依据零件图样，确定机床的加工过程。

2. 机床坐标系的规定

为了确定机床运动部件的运动方向和移动距离，需要在机床上建立一个坐标系，这个坐标系称为机床坐标系。

（1）机床坐标轴及其方向

数控机床的运动轴分为平动轴和转动轴，数控机床各轴的运动，有的是使刀具产生运动，有的是使工件产生运动。鉴于以上两种情况，机床的运动不论具体结果如何，统一按工件静止而刀具相对于工件运动来描述，并以笛卡儿坐标系表达。其坐标轴用 X、Y、Z 表示，用来描述机床的主要平动轴，称为基本坐标轴。若机床有转动轴，则规定绕 X 轴、Y 轴和 Z 轴转动的轴分别用 A、B、C 表示，其正向按右手螺旋定则确定，如图 1-12 所示。

（2）坐标轴方向的确定

① Z 坐标轴：将机床主轴沿其轴线方向运动的平动轴定义为 Z 轴。主轴是指产生切削动力的轴，如铣床、钻床、镗床上的刀具旋转轴和车床上的工件旋转轴。

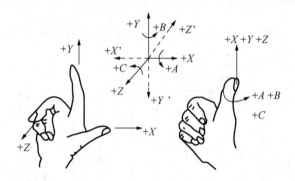

图 1-12　笛卡儿坐标系

如果主轴能够摆动，即主轴轴线方向是变化的，则以主轴轴线垂直于机床工作台装夹面时的状态来定义 Z 轴，并以增大刀具与工件间距离的方向为 Z 轴的正方向。

② X 坐标轴：将在垂直于 Z 轴的平面内的一个主要平动轴指定为 X 轴，它一般位于与工件安装面相平行的水平面内。

对于不同类型的机床，X 轴及其方向有具体的规定。例如，对于铣床、钻床等刀具旋转的机床，若 Z 轴是水平的，则 X 轴规定为从刀具向工件方向看时沿左右运动的轴，且向右为正；若 Z 轴是垂直的，则 X 轴规定为从刀具向立柱（若有两个立柱则选左侧立柱）方向看时沿左右运动的轴，且向右为正。

③ Y 坐标轴：Y 轴及其方向是根据 X 轴和 Z 轴坐标的方向按右手螺旋定则确定的。

3. 机床原点的设置

机床原点是指在机床上设置的一个固定点，即机床坐标系的原点。它在机床装配、调试时就已确定下来，是机床制造商设置在机床上的一个物理位置。该点是确定机床参考点的基准。

4. 机床参考点

机床参考点是用于对机床工作台、滑板及刀具相对运动的测量系统进行标定和控制的点，也称为机床零点。

机床参考点相对于机床原点来讲是固定的。它是在加工之前和加工之后，用控制面板上的回零按钮使移动部件移动到机床坐标系中的一个固定不变的极限点。

数控机床在工作时，移动部件必须首先返回参考点，测量系统置零，之后测量系统即可以参考点作为基准，随时测量运动部件的位置。机床参考点的位置是由机床制造厂家在每个进给轴上用限位开关精确调整好的，坐标值已输入数控系统中。因此，机床参考点对机床原点的坐标是一个已知数。

5. 工件坐标系

工件坐标系用于确定工件几何图形上各几何要素的位置。工件坐标系的原点就是工件零点。工件零点的选用原则如下：

工件零点选在工件图样的尺寸基准上，这样可以直接用图样标注的尺寸作为编程点的坐标值，减少计算工作量，能使工件方便地装夹、测量和检验；工件零点尽量选在尺寸精度较高、粗糙度比较低的工件表面上，以提高加工精度和同一批零件的一致性；对于有对称形状的几何零件，工件零点最好选在对称中心上。

6. 程序原点

程序原点是为了编程方便，在图样上选择一个适当位置作为程序原点，也称为编程原点或程序零点。

对于简单零件，工件零点就是程序零点，这时的编程坐标系就是工件坐标系。对于形状复杂的零件，需要编制几个程序或子程序，为了编程方便和减少坐标值的计算，编程零点不一定设在工件零点上，而是设在便于程序编制的位置。

7. 原点偏移

现代数控系统一般要求机床回零操作，即使机床回到程序原点或机床参考点，通过手动或程序命令初始化控制系统后，才能启动。

机床参考点和机床原点之间的偏移值存放在机床常数中。对于编程人员来说，一般只要知道工件上的程序原点就够了。程序原点与机床原点、机床参考点无关，也与所选用的机床型号无关。

工件在机床上固定后，程序原点与机床参考点的偏移量必须通过测量来确定。机床的原点偏移，实质上是机床参考点向编程人员定义在工件上的程序原点偏移。

现代 CNC 系统一般配有工件测量头，在手动操作下能准确地测量该偏移量，存在 G54 到 G59 原点偏移寄存器中，供 CNC 系统原点偏移计算用。在没有工件测量头的情况下，程序原点位置要用对刀的方式来实现。

8. 绝对坐标系及增量坐标系

（1）绝对坐标系。所有坐标点的坐标值均从编程原点计算的坐标系，称为绝对坐标系。

绝对坐标编程：在程序中用 G90 指定，刀具运动过程中所有的刀具位置坐标是以一个固定的编程原点为基准给出的，即刀具运动的指令数值（刀具运动的位置坐标）是与某一固定的编程原点之间的距离给出的。

（2）增量坐标系。坐标系中的坐标值是相对于刀具前一位置（或起点）来计算的，这种坐标系称为增量坐标系。增量坐标常用 U、V、W 表示，与 X、Y、Z 轴平行。

增量坐标编程：在程序中用 G91 指定，刀具运动的指令数值是按刀具当前所在位置到下一个位置之间的增量给出的。

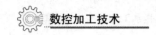

四、数控编程程序格式

数控程序由一系列程序段和程序块构成，每一个程序段用于描述准备功能、刀具坐标位置、工艺参数和辅助功能等。

国际标准化组织（International Organization for Standardization，ISO）对数控机床的数控程序的编码字符和程序段格式、准备功能和辅助功能等制定了若干标准和规范。

1. 程序的结构

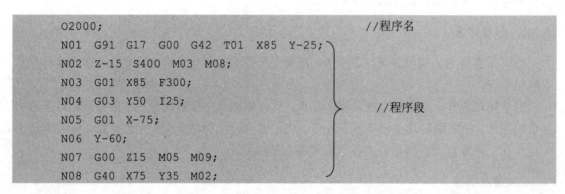

```
O2000;                                    //程序名
N01  G91  G17  G00  G42  T01  X85  Y-25;
N02  Z-15  S400  M03  M08;
N03  G01  X85  F300;
N04  G03  Y50  I25;
N05  G01  X-75;                           //程序段
N06  Y-60;
N07  G00  Z15  M05  M09;
N08  G40  X75  Y35  M02;
```

由上面的程序可知，加工程序是由程序名和若干程序段有序组成的指令集。程序由若干程序段组成，程序段由若干指令字组成，指令字由字母（地址符）和其后所带的数字一起组成。

程序名是该加工程序的标识，程序段是一个完整的加工工步单元，它以 N（程序段号）指令开头，LF 指令结尾，M02 作为整个程序结束的指令；有些数控系统可能还规定了一个特定的程序开头和结束的符号，如%、EM 等。

2. 程序段的格式

程序段的格式是指一个程序段中指令字的排列顺序和书写规则。不同的数控系统往往有不同的程序段格式，格式不符合规定，数控系统就不能接受。

目前广泛采用的是地址符可变程序段格式（或者称字地址程序段格式）：

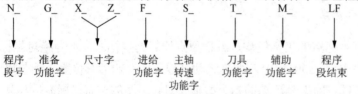

N_	G_	X_	Z_	F_	S_	T_	M_	LF
程序段号	准备功能字	尺寸字		进给功能字	主轴转速功能字	刀具功能字	辅助功能字	程序段结束

采用这种格式，程序段中的每个指令字均以字母（地址符）开始，其后再跟符号和数字。指令字在程序段中的顺序没有严格的规定，即可以任意顺序书写。不需要的指令字或者与上段相同的续效代码可以省略不写。因此，这种格式具有程序简单、可读性强、易于检查等优点。常用地址码的含义如表 1-1 所示。

表 1-1 常用地址码的含义

功能	地址码	意义
程序号	O	程序编号
顺序号	N	顺序编号
准备功能	G	机床动作方式指令
坐标指令	X、Y、Z	坐标轴移动指令
	A、B、C、U、V、W	附加轴移动指令
	R	圆弧半径
	I、J、K	圆弧中心坐标
进给功能	F	进给速度指令
主轴功能	S	主轴转速指令
刀具功能	T	刀具编号指令
辅助功能	M	接通、断开、启动、停止指令
	B	工作台分度指令
补偿	H、D	刀具补偿指令
暂停	P、X	暂停时间指令
子程序调用	CALL	子程序号指令
重复	I	固定循环重复次数
参数	P、Q、R	固定循环参数

第五节 数控程序常用指令代码

一、准备功能 G 指令

G 指令是使数控机床准备好某种运动方式的指令，分为模态指令和非模态指令。

模态指令表示在程序中一经被应用，直到出现同组其他任一 G 指令时才失效；否则该指令继续有效，直到被同组指令取代为止。非模态指令只在本程序段中有效。G 指令由 G 后带二位数字组成，从 G00 到 G99 共 100 种。表 1-2 列出了 FANUC 系统常用准备功能指令及功能。

表 1-2 FANUC 系统常用准备功能指令及功能

G 代码	功能
×G00	定位（快速移动）
G01	直线插补
G02	圆弧插补（CW，顺时针）
G03	圆弧插补（CCW，逆时针）
G04	暂停
G20	英制输入
G21	公制输入

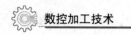

续表

G 代码	功能
G27	检查参考点返回
G28	参考点返回
G32	等螺距螺纹切削
×G40	取消刀尖半径偏置
G41	刀尖半径偏置（左侧）
G42	刀尖半径偏置（右侧）
G50	主轴最高转速限制（坐标系设定）
G52	设置局部坐标系
G53	选择机床坐标系
×G54	选择工件坐标系 1
G55	选择工件坐标系 2
G56	选择工件坐标系 3
G57	选择工件坐标系 4
G58	选择工件坐标系 5
G59	选择工件坐标系 6
G96	恒线速度控制
×G97	恒线速度控制取消
G98	指定每分钟移动量
×G99	指定每转移动量

注：带×者表示开机时会初始化的代码

1. 快速定位指令 G00

指令格式：

```
G00  X(U)  Z(W);
```

指令说明：

（1）X、Z 为绝对编程时，快速定位终点在工件坐标系中的坐标。

（2）U、W 为增量编程时，快速定位终点相对于起点的位移量。

一般用于加工前快速定位或加工后快速退刀（速度的快慢可由面板上的快速修调按键调节）。G00 为模态功能，可由 G01、G02、G03 等功能注销。

2. 直线插补指令 G01

指令格式：

```
G01  X(U)  Z(W)  F_;
```

指令说明：

（1）X、Z 为绝对编程时，终点在工件坐标系中的坐标。

（2）U、W 为增量编程时，终点相对于起点的位移量。

（3）F 为合成进给速度。

G01 指令刀具以联动的方式，按 F 规定的合成进给速度，移动到程序段指令的终点。G01 为模态功能，可由 G00、G02、G03 等功能注销。

3. 圆弧插补指令 G02/G03

G02 为按指定进给速度的顺时针圆弧插补，G03 为按指定进给速度的逆时针圆弧插补。指令格式：

```
G02/G03 X(U)_ Y(V)_ R_ F_;
```

或

```
G02/G03 X_ Y_ I_ J_ F_;
```

指令说明：

（1）X、Y 的值是指圆弧插补的终点坐标值。

（2）U、V 为起点与终点之间的距离。

（3）I、J 为圆弧起点到圆心在 X、Y 轴上的增量值。

（4）R 为指定圆弧半径，当圆弧的圆心角≤180°时，R 值为正；当圆弧的圆心角>180°时，R 值为负。

（5）I、J 也可用 R 指定，当两者同时被指定时，R 指令优先，I、J 无效；R 不能用于整圆切削，整圆切削只能用 I、J、K 编程，因为经过同一点，半径相同的圆有无数个；I、J、K 都按相对坐标编程；圆弧插补时，不能用刀补指令 G41/G42。

4. 暂停指令 G04

G04 是指刀具暂停的时间（进给停止，主轴不停止）。
指令格式：

```
G04 X(U)_/P_;
```

指令说明：

（1）X 或 P 后的数值是暂停时间。

（2）X 后面的数值要带小数点，否则以此数值的千分之一计算，以秒（s）为单位。

（3）P 后面的数值不能带小数点（即应以整数表示），以毫秒（ms）为单位。

5. 等螺距螺纹切削指令 G32

这类螺纹包括普通圆柱螺纹和端面螺纹，此处仅介绍普通圆柱螺纹。
指令格式：

```
G32 X(U)_ Z(W)_ F_ Q_;
```

指令说明：

（1）X（U）、Z（W）为直线螺纹的终点坐标。

（2）F 为直线螺纹的导程；如果是单线螺纹，则为直线螺纹的螺距。

（3）Q 为螺纹起始角，该值为不带小数点的非模态值，其单位为 0.001°；如果是单线螺纹，则该值不用指定，这时该值为 0。

使用螺纹切削指令时应注意如下事项：

（1）在螺纹切削过程中，进给速度倍率无效。

（2）在螺纹切削过程中，进给暂停功能无效，如果在螺纹切削过程中按了进给暂停键，刀具将在执行了非螺纹切削的程序段后停止。

（3）在螺纹切削过程中，主轴速度倍率功能失效。

（4）在螺纹切削过程中，不宜使用恒线速度控制功能，而应采用恒转速控制功能。

二、辅助功能 M 指令

M 指令的组成：M 后带二位数字。

M 指令的作用：用于控制 CNC 机床开关量，如主轴正反转、切削液的开停、工件的夹紧松开等。表 1-3 列出了 FANUC 系统常用辅助功能 M 指令及功能。

表 1-3　FANUC 系统常用辅助功能 M 指令及功能

M 指令	功能	M 指令	功能
M00	程序暂停	M05	主轴停止
M01	选择停止	M09	切削液关
M02	主程序结束	M30	程序结束
M03	主轴正转，如 M03　S500	M98	调用子程序，例如 M98 Pxxnnnn 表示调用程序号为 Onnnn 的程序 xx 次
M04	主轴反转	M99	子程序结束，返回主程序

在编程时，M 指令中前面的 0 可省略，如 M00、M03 可简写为 M0、M3。M00、M01、M02 和 M30 的区别与联系如下：

（1）M00 为程序无条件暂停指令。程序执行到此，进给停止，主轴停转。若要重新启动程序，则必须先回到手动方式状态下，按下主轴正转键启动主轴，接着返回自动加工状态下，按下启动键才能启动程序。

（2）M01 为程序选择性暂停指令。程序执行前必须按控制面板上的选择停键才能执行，执行后的效果与 M00 相同。若要重新启动程序，则必须先回到手动方式状态下，按下主轴正转键启动主轴，接着返回自动加工状态下，按下启动键才能启动程序。

M00 和 M01 常用于加工中途工件尺寸的检验或排屑。

（3）M02 为主程序结束指令。执行到此指令，进给停止，主轴停转，切削液关闭，但程序光标停在程序末尾。

（4）M30 为主程序结束指令。功能同 M02，不同之处是，不管 M30 后是否还有其他程序段，光标都返回程序头位置。

三、进给功能 F 指令

F 功能指令用于控制切削进给量。它是续效代码，一般直接指定，即 F 后跟的数字就是进给速度的大小。在程序中有两种使用方法：

（1）每转进给量（G99）。系统开机状态为 G99 状态，只有输入 G98 指令后，G99 才被取消。在含有 G99 的程序段后面，遇到 F 指令时，则认为 F 所指定的进给速度单位为 mm/r。

（2）每分钟进给量（G98）。G98 被执行一次后，系统将保持 G98 状态，直到被 G99 取消为止。在遇到 F 指令时，F 后面的数字表示的是每分钟进给量，单位为 mm/min。

四、主轴转速功能 S 指令

S 代码后的数值为主轴转速或速度，要求为整数，单位为 r/min 或 m/min。在零件加工之前一定要启动主轴运转（M03 或 M04）。

（1）恒线速度控制（G96）：G96 是恒速切削控制有效指令。系统执行 G96 指令后，S 后面的数值表示切削速度。例如，G96 S100 表示切削速度是 100m/min。

（2）主轴转速控制（G97）：G97 是恒速切削控制取消指令。系统执行 G97 后，S 后面的数值表示主轴每分钟的转数。例如，G97 S800 表示主轴转速为 800r/min。系统开机状态为 G97 状态。

（3）主轴最高速度限定（G50）：G50 除具有坐标系设定功能外，还有主轴最高转速设定功能，即用 S 指定的数值设定主轴每分钟的最高转速。例如，G50 S2000 表示主轴转速最高为 2000r/min。

用恒线速度控制加工端面、锥度和圆弧时，由于 X 坐标值不断变化，当刀具逐渐接近工件的旋转中心时，主轴转速会越来越高，工件有从卡盘飞出的危险，所以为防止事故的发生，有时必须限定主轴的最高转速。

五、刀具功能 T 指令

Tnn 代码用于选择刀具库中的刀具，nn 表示刀号。

在 FANUC 0i 系统中，采用 T2+2 的形式。例如，T0101 表示采用 1 号刀具和 1 号刀补。注意：在 SINUMERIK 系统中由于同一把刀具有许多个刀补，所以可采用 T1D1、T1D2、T2D1、T2D2 等来表示；但在 FANUC 系统中，由于刀补存储是公用的，所以往往采用 T0101、T0202、T0303 等来表示。

第二章 数控车削加工技术

第一节 认识数控车床

一、数控车床的组成

数控车床由床身、主轴箱、刀架进给系统、尾座、液压系统、冷却系统、润滑系统、排屑器等部分组成。

1. 床身

数控车床的床身结构和导轨有多种形式，主要有水平床身、倾斜床身、水平床身斜滑鞍等。中、小规格的数控车床采用倾斜床身和水平床身斜滑鞍较多。倾斜床身多采用 30°、45°、60°、75° 和 90°，常用的有 45°、60° 和 75°。大型数控车床和小型精密数控车床采用水平床身较多。

2. 主传动系统及主轴部件

数控车床的主传动系统一般采用直流或交流无级调速电动机，通过带传动带动主轴旋转，实现自动无级调速及恒切速度控制。主轴组件是机床实现旋转运动的执行部件。

3. 进给传动系统

横向进给传动系统是带动刀架做横向（X 轴）移动的装置，它控制工件的径向尺寸。纵向进给传动系统是带动刀架做轴向（Z 轴）移动的装置，它控制工件的轴向尺寸。

4. 自动回转刀架

数控车床的刀架分为两大类，即转塔式刀架和排刀式刀架。转塔式刀架通过转塔头的旋转、分度、定位来实现机床的自动换刀工作。排刀式刀架主要用于小型数控车床，适用于短轴或套类零件加工。

二、数控车床的分类

数控车床的品种和规格繁多，通常以下面 4 种方式进行分类。

1. 按主轴的配置形式分类

（1）立式数控车床

立式数控车床如图 2-1 所示，其车床主轴垂直于水平面，并有一个直径很大，供装夹工件用的圆形工作台。这类车床主要用于加工径向尺寸大、轴向尺寸相对较小的大型盘类复杂零件。

（2）卧式数控车床

卧式数控车床如图 2-2 所示，其车床主轴平行于水平面。卧式数控车床又分为水平导轨卧式数控车床和倾斜导轨卧式数控车床两种。倾斜导轨倾斜角度多采用 45°、60°、75°，可以使车床获得更好的刚性，并易于排除切屑。

2. 按常见数控系统分类

（1）FANUC 系统

FANUC 系统是日本 FANUC 公司的产品，通常其中文译名为发那科。FANUC 系统进入中国市场较早，有多种型号的产品被使用，使用较为广泛的产品有 FANUC 0、FANUC16、FANUC18、FANUC21 等。在这些型号中，使用最为广泛的是 FANUC0 系列。

图 2-1　立式数控车床　　　　　　　图 2-2　卧式数控车床

FANUC 系统具有高质量、高性能、全功能，适用于各种机床和生产机械的特点，主要体现在以下几个方面：

① 系统在设计中大量采用项目化结构。这种结构易于拆装，各个控制板高度集成，使可靠性有很大提高，而且便于维修、更换。

② FANUC 系统性能稳定，操作界面友好，系统各系列的总体结构非常类似，具有基本统一的操作界面。

③ 具有很强的抵抗恶劣环境影响的能力。其工作环境温度为 0～45℃，相对湿度可达 75%。

④ 有较完善的保护措施。FANUC 对自身的系统采用比较好的保护电路。

⑤ FANUC 系统所配置的系统软件具有比较齐全的基本功能和选配功能。对于一般的机床来说，基本功能完全能满足使用要求。

⑥ 提供大量丰富的 PMC 信号和 PMC 功能指令。这些丰富的信号和编程指令便于用户编制机床的 PMC 控制程序，而且增加了编程的灵活性。

⑦ 具有很强的 DNC 功能。系统提供串行 RS232C 传输接口，使通用计算机和机床之间的数据传输能方便、可靠地进行，从而实现高速的 DNC 操作。

⑧ 提供丰富的维修报警和诊断功能。FANUC 维修手册为用户提供了大量的报警信息，并且以不同的类别进行分类。

（2）西门子 SINUMERIK 数控系统

西门子 SINUMERIK 数控系统是德国西门子公司的产品。西门子凭借在数控系统及驱动产品方面的专业思考与深厚积累，不断制造出机床产品的典范之作，为自动化应用提供了

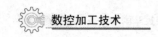

日趋完美的技术支持。

SIEMENS 公司的数控装置采用项目化结构设计，经济性好，在一种标准硬件上，配置多种软件，使它具有多种工艺类型，满足各种机床的需要，并成为系列产品。随着微电子技术的发展，越来越多地采用大规模集成电路（large-scale integrated circuit，LSI）、表面安装器件（surface SMC）并应用先进加工工艺，所以新的系统结构更为紧凑，性能更强，价格更低。采用 SIMATICS 系列可编程控制器或集成式可编程控制器，用 SYEP 编程语言，具有丰富的人机对话功能，具有多种语言的显示。SIEMENS 公司 CNC 装置主要有 SINUMERIK3/8/810/820/850/880/805/ 802/840 等系列。

（3）广州数控（GSK）系统

广州数控设备有限公司是中国南方数控产业基地，广东省 20 家重点装备制造企业之一，中国国家"863"重点项目"中档数控系统产业化支撑技术"承担企业，拥有中国最大的数控机床连锁超市。公司秉承科技创新、追求卓越品质，以提高用户生产力为先导，以创新技术为动力，为用户提供 GSK 全系列机床控制系统、进给伺服驱动装置和伺服电机、大功率主轴伺服驱动装置和主轴伺服电机等数控系统的集成解决方案，积极推广机床数控化改造服务，开展数控机床贸易。GSK 拥有国内最大的数控系统研发生产基地，中国一流的生产设备和工艺流程，科学规范的质量控制体系保证每套产品合格出厂。GSK 产品批量配套全国五十多家知名机床生产企业，是中国主要机床厂家数控系统首选供应商。

GSK 数控系统主要有应用于车床数控系统的 GSK928T、GSK980T，应用于钻、铣床数控系统的 GSK980M、GSK990M，应用于加工中心数控系统的 GSK218M、GSK983M、GSK25、GSK27 等系列产品。

（4）华中数控（HNC）系统

华中数控系统有限公司成立于 1995 年，由华中理工大学、中国国家科技部、湖北省武汉市科委、武汉市东胡高新技术开发区、香港大同工业设备有限公司等政府部门和企业共同投资组建。公司在"八五"期间，承担了多项国家数控攻关重点课题，取得了一大批重要成果。其中"华中 I 型数控系统"在中国率先通过技术鉴定，在同行业中处于领先地位，被专家评定为"重大成果""多项创新""国际先进"。该项目同时还获得了中国国家"863"的重点支持。

华中"世纪星"系列数控系统包括世纪星 HNCHNC-18i、HNC-19i、HNC-21 和 HNC-22 四个系列产品，均采用工业微机作为硬件平台的开放式体系结构的创新技术路线，充分利用 PC 软、硬件的丰富资源，通过软件技术的创新，实现数控技术的突破，通过工业 PC 的先进技术和低成本保证数控系统的高性价比和可靠性。华中"世纪星"系列数控系统充分利用通用微机已有的软、硬件资源和计算机领域的最新成果，如大容量存储器、高分辨率彩色显示器、多媒体信息交换、联网通信等技术，使数控系统可以伴随 PC 技术的发展而发展，从而长期保持技术上的优势。

3. 按车床功能分类

（1）经济型数控车床

经济型数控车床是采用步进电动机和单片机对普通车床的进给系统进行改造后形成的简易型数控车床，价格较低，但自动化程度和功能都比较差，车削加工精度也不高，适用于要求不高的回转类零件的车削加工。

（2）全功能数控车床

全功能数控车床一般为 45° 斜床身，也有的为 60°、75° 等。一般导轨采用线轨，快移速度快、效率高。换挡调速是连续的，而且可以加光栅尺变成全闭环，提高精度等级。丝杠、轴承等关键元器件选用进口件。全功能数控车床还可以加装动力头，变成车铣复合中心。因此全功能数控车床具备造价高、速度快、精度高、效率高等特点。

（3）车削中心

车削中心是以车床为基本体，并在其基础上增加动力铣、钻、镗，以及副主轴的功能，使车削工件需要二次、三次加工的工序在车削中心上一次完成。车削中心按刀塔形式可以分为栉式和刀塔式两种。栉式是刀具在 3 个面不同方位排上多把动力刀或固定刀具，通过工作台坐标的移动来换刀，完成端面、径向及偏心的车、铣、钻、镗的加工动作，其局限性是加工的工件大小和刀具的数量有冲突，工件大了，刀具要减少，不利于大工件复杂工序的加工；优点是换刀速度快、加工时间短，是小工件高效加工的首选。刀塔式车削中心是在工作台上安装动力刀塔，可以支持端面及径向的各种加工动作，通过动力刀塔的升降（Y 轴功能）来完成车削件端面、径向的偏心及各种加工动作，加工完一个工序，刀塔旋转，更换另外的刀具来加工，以此来完成复杂的加工步骤。动力刀的数量可多可少，根据机床的大小而定。刀塔会占用比较大的空间。另外，还可以在尾座的位置加装副主轴，使加工更简化。

4. 按伺服系统分类

（1）开环伺服系统

开环进给伺服系统是数控机床中最简单的伺服系统，执行元件一般为步进电动机，开环控制系统没有位置检测元件，伺服驱动部件通常为反应式步进电动机或混合式伺服步进电动机。数控系统每发出一个进给指令脉冲，经驱动电路功率放大后，驱动步进电动机旋转一个角度，再经传动机构带动工作台移动。这类系统信息流是单向的，即进给脉冲发出去以后，实际移动值不再反馈回来，所以称为开环控制。

（2）闭环伺服系统

闭环伺服系统直接对工作台的实际位置进行检测，从理论上讲，可以消除整个驱动和传动环节的误差、间隙和失动量，具有很高的位置控制精度。但由于位置环内的许多机械传动环节的摩擦特性、刚性和间隙都是非线性的，故很容易造成系统的不稳定，使闭环系统的设计、安装和调试都相当困难。因而，该系统对其组成环节的精度、刚性和动态特性等都有较高的要求，故价格高昂。这类系统主要用于精度要求很高的镗铣床、超精车床、超精磨床及较大型的数控机床等。CNC 能控制和能联动控制的进给轴数。CNC 的控制进给轴有移动轴和回转轴、基本轴和附加轴。例如，NC 车床，只要两轴联动，在具有多刀架的车床上则需要两轴以上的控制轴；NC 镗铣床的加工中心等需要有 3 根或 3 根以上的控制轴。联动控制轴数越多，CNC 系统就越复杂，编程也越困难。

（3）半闭环伺服系统

半闭环伺服系统的位置检测点是从驱动电动机（常用交直流伺服电动机）或丝杠端引出的，通过检测电动机和丝杠的旋转角度来间接检测工作台的位移量，而不是直接检测工作台的实际位置。由于在半闭环环路内不包括或只包括少量机械传动环节，因此可获得稳定的控

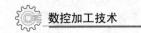

制性能，其系统的稳定性虽不如开环系统，但比闭环系统要好。另外，由于在位置环内各组成环节的误差可得到某种程度的纠正，而位置环外的各环节如丝杠的螺距误差、齿轮间隙引起的运动误差均难以消除，因此其精度比开环系统要好，比闭环系统要差。但可对这类误差进行补偿，因而仍可获得满意的精度。半闭环数控系统结构简单、调试方便、精度也较高，因而在现代 CNC 机床中得到了广泛应用。

三、数控车床的加工特点

1. 生产柔性大

在数控车床上加工不同零件时，中间一般不需要更换工具、模具和夹具等，而只需要改变加工程序即可，较好地解决了单件、中小批量和多变产品的加工问题。

2. 加工精度高

数控车床由精密机械和自动化控制系统组成。所以，数控车床具有很高的控制精度和制造精度。现代数控车床的分辨力普遍达到 0.01～0.001mm，少数数控车床的分辨力已发展到 0.0001mm。数控车床的自动加工方法减少了操作者的人为误差，提高了同批零件的一致性，使加工质量稳定，产品合格率高。

3. 生产效率高

数控车床具有良好的刚性，可以采用较大的切削用量；还具有自动变速、自动换刀及其他辅助操作，节省了中间测量和手动操作的时间，比普通车床的生产效率高 5～10 倍。

4. 劳动强度低

数控车床是按照预先编好的程序自动完成加工的，操作者只需操作面板、装卸零件和观察监视加工过程，不需要进行繁重的、重复的手工操作，劳动强度比操作普通车床大大减轻。

5. 经济效益好

数控车床可以提高产品质量，降低材料损耗，减少人力资源费用，降低生产成本；可以缩短产品开发生产周期，为企业创造良好的经济效益。

四、数控车床安全操作规程

1. 安全操作注意事项

（1）工作时请穿好工作服、安全鞋，戴好工作帽及防护镜。注意：不允许戴手套操作机床。

（2）不要移动或损坏安装在机床上的警告标牌。

（3）不要在机床周围放置障碍物，工作空间应足够大。

（4）不允许两个及两个以上学生同时操作机床及机床数控操作面板。

2. 准备工作注意事项

（1）在机床工作前要对其进行预热，认真检查其润滑系统工作是否正常，如机床长时间未起动，可先采用手动方式向各部分供油润滑。

（2）使用的刀具应与机床允许的规格相符，有严重损坏的刀具要及时更换。

（3）调整刀具所用工具不要遗忘在机床内。

（4）刀具安装好后应进行 1～2 次空走刀，以检验进给路线的正确性。

（5）检查卡盘是否夹紧工件。

（6）检查机床各功能按键的位置是否正确，按键是否有损坏。

（7）全部检查完毕后，必须关好机床防护门。

3. 工作过程中的安全注意事项

（1）禁止用手接触刀尖和铁屑，铁屑必须要用铁钩子或毛刷来清理。

（2）禁止用手或其他任何方式接触正在旋转的主轴、工件或其他运动部位。

（3）禁止在加工过程中测量工件，更不能用棉纱擦拭工件，也不能清扫机床。

（4）在机床运转过程中，操作者不得离开岗位，发现异常现象须立即停车。

（5）在加工过程中，不允许打开机床防护门。

（6）学生必须在操作步骤完全清楚时进行操作，遇到问题或机床出现异常，立即停车并向指导教师报告，禁止在不知道操作规程的情况下进行尝试性操作。

（7）手动回参考点时，应注意机床各轴位置要距离参考点-100mm 以上，机床回参考点的顺序为：首先+X 轴，其次+Z 轴。

（8）使用手轮或快速移动方式移动各轴位置时，一定要先看清机床 X、Z 轴各方向"+、–"号标牌后再移动。移动时先慢转手轮观察机床的移动方向，无误后方可加快移动速度。

（9）学生编完数控加工程序或将数控加工程序输入机床后，须先进行图形模拟仿真，准确无误后再进行机床试运行，并且刀具在 Z 方向上应离开工件端面 200mm 以上。

（10）程序运行时，对刀应准确无误，刀具补偿号应与程序调用刀具号相符。

（11）运行程序前应将光标放在主程序头。操作者站立位置应合适，启动程序时，右手做按停止按钮准备，程序在运行过程中手不能离开停止按钮，如有紧急情况应立即按停止按钮。

（12）关机时，要等主轴停转 3min 后，机床先回参考点，再按下急停按钮，然后关闭数控系统，最后关掉机床总电源。

（13）未经许可，禁止打开电器箱。

（14）各润滑点必须按说明书要求润滑。

4. 工作完成后的注意事项

（1）依据车间"7S"管理要求，清除机床上的切屑，擦拭机床，正确放置工、量、器具并清洁周边环境。

（2）检查润滑油、切削液的状态，不足时应及时添加或更换。

（3）依次关掉机床数控系统操作面板上的电源和机床总电源。

第二节 数控车加工工艺基础

一、数控车削加工工艺的内容

数控车床一般具有普通车床所不具备的功能，各种型号数控车床本身也存在着不同的功能，因此，必须熟悉车床的性能，掌握其特点及使用方法，编制加工工艺方案，进行工艺设计并优化，然后进行编程。数控车削加工工艺的内容较多，概括起来主要有以下几点：

（1）选择并确定零件的数控车削加工内容。

（2）对零件图样进行数控车削加工工艺分析，明确加工内容及技术要求。

（3）确定零件的加工方案，拟定数控加工工艺路线，如工序、工步的设计，与其他非数控车加工工序的融合等。

（4）设计工序，如零件定位基准的选取，工具、夹具的选择和调整，工步划分，切削用量的选择，各工序加工余量的确定，工序尺寸及公差的计算等。

（5）计算和优化加工轨迹。

（6）编制及调整数控程序。

（7）编制数控加工工艺技术文件。

二、数控车削加工工艺的制定

1. 零件图样分析

零件图样分析是制定数控车削加工工艺的首要工作，主要包括以下内容：

（1）尺寸标注方法分析。零件图样上尺寸标注的方法应适应数控车床加工的特点，应以同一基准标注尺寸或者直接给出坐标尺寸。这种标注方法既便于编程，又有利于设计基准、工艺基准和编程原点的统一。

（2）零件轮廓几何要素分析。在手工编程时，要计算每个节点的坐标；在自动编程时，要对构成零件轮廓的所有几何要素进行定义。因此，在分析零件图样时，要充分运用一定的数学常识，分析几何元素的给定条件是否充分，包括显见的几何要素和隐藏的几何要素。由于设计等多方面的原因，可能会在图样上出现构成零件轮廓的条件不充分，尺寸模糊不清且有缺陷，这些增加了编程的难度，有的甚至导致无法编程。总之，图样上给定的尺寸要完整，且不能自相矛盾，所确定的加工零件的轮廓是唯一的。

（3）精度及技术要求分析。对被加工零件的精度及技术要求进行分析是零件工艺性分析的重要内容，只有在分析零件尺寸精度和表面粗糙度的基础上，才能正确、合理地选择加工方法、装夹方式、刀具类型及切削用量等工艺内容。

2. 结构工艺性分析

零件的结构工艺性分析是指零件对加工方法的适应性，即所设计的零件结构应便于加工成形。在数控车床上加工零件时，应根据数控车削的特点，认真审视零件结构的合理性。

3. 毛坯工艺性分析

毛坯的选择是制定工艺规程的最初阶段的工作之一，也是比较重要的阶段，毛坯的形状和特征（硬度、精度、金相组织等）对机械加工的难易、工序数量的多少有直接的影响。毛坯的形状和尺寸越接近成品零件，即毛坯精度越高，则零件的机械加工量就越少，材料消耗也越少，这样可以充分提高劳动生产率，降低成本，但毛坯的制造费用会提高。因此，在确定毛坯时，应从毛坯制造和机械加工两方面考虑。数控车削加工时根据毛坯材质本身的机械性能和热处理状态，毛坯的铸造品质和被加工部位的材料硬度，是否有白口、夹砂、疏松等影响加工的因素，判断其加工的难易程度，为刀具材料和切削用量的选择提供依据。

三、数控车削加工工艺路线的拟定

数控车削加工工艺路线的拟定是制定数控车削加工工艺规程的重要内容之一，包括选择各加工表面的加工方法、加工阶段的划分、工序的划分及安排工序的先后顺序等。设计者应根据从生产实践中总结的一些综合性工艺，结合生产实际条件，提出几种方案，通过分析比较，从中选出最优的方案。

1. 加工方法的选择

机械零件的结构形状是多种多样的，基本上是由平面、外圆柱面、内圆柱面、曲面或成形面等基本表面组成的，每一种表面有多种加工方法。数控车削加工方法的选择原则是：在明确加工材料的情况下，同时保证加工精度和表面粗糙度的要求。此外，还应考虑生产效率和经济性的要求，以及现有生产设备等实际情况。

2. 加工阶段的划分

当零件的加工质量要求较高时，往往不可能通过一道工序来满足其要求，而要用几道工序逐步达到所要求的质量。为保证加工质量和合理地使用设备、人力，零件的加工过程通常按工序性质不同划分为粗加工、半精加工和精加工 3 个阶段。如果零件要求的尺寸精度特别高、表面粗糙度很低，还应增加光整加工和超精密加工阶段。

（1）各加工阶段的主要任务

① 粗加工阶段。这一阶段的主要任务是切除毛坯上各加工表面的大部分加工余量，使毛坯在形状和尺寸上接近零件成品。因此，应采取措施尽可能提高生产效率。同时要为半精加工阶段提供精基准，并留有充分均匀的加工余量，为后续工序创造有利条件。

② 半精加工阶段。这一阶段的主要任务是达到一定的精度要求，并保证留有一定的加工余量，为主要表面的精加工做准备，同时完成一些次要表面的加工（如紧固孔的钻削、攻螺纹、铣键槽等）。

③ 精加工阶段。这一阶段的主要任务是保证零件各主要表面达到图样规定的技术要求。

④ 光整加工阶段。对尺寸精度要求很高（IT6 以上）、表面粗糙度值很小（Ra 为 0.2μm 以下）的零件，须安排光整加工工序。其主要任务是减小表面粗糙度，或者进一步提高尺寸精度和形状精度。

（2）划分加工阶段的目的

① 保证加工质量。零件在粗加工时，由于加工余量大，因而会产生较大的切削力和切削热，同时也需要较大的夹紧力。在这些力和热的作用下，零件会产生较大的变形。经过粗加工后，零件的内应力将重新分布，也会使零件发生变形。如果不划分加工阶段而连续进行粗、精加工，就无法避免和修正上述原因所引起的加工误差。加工阶段划分后，粗加工造成的误差，通过半精加工和精加工可以得到修正，并逐步提高零件的加工精度和表面质量，从而保证零件的加工要求。

② 合理使用机床设备。粗加工一般要求采用功率大、刚性好、生产效率高而精度较低的机床设备，精加工须采用精度高的机床设备。划分加工阶段后就可以充分发挥粗、精加工设备各自性能的特点，避免以粗干精，做到合理使用设备。这样不但提高了粗加工的生产效率，而且有利于保持精加工设备的精度和使用寿命。

③ 及时发现毛坯缺陷。毛坯上的各种缺陷（如气孔、砂眼、夹渣或加工余量不足等），在粗加工后即可被发现，便于及时进行修补或决定报废，以免继续加工后造成工时和加工费用的浪费。

④ 便于安排热处理。热处理工序将加工过程划分成几个阶段，如精密主轴在粗加工后进行去除应力的人工时效处理，半精加工后进行淬火，精加工后进行低温回火和冰冷处理，最后进行光整加工。

应当指出，加工阶段的划分不是绝对的，必须根据工件的加工精度要求和工件的刚性来决定。一般来说，工件精度要求越高、刚性越差，划分阶段应越细；当工件批量小、精度要求不太高、工件刚性较好时也可以不分或少分阶段；重型零件由于输送及装夹困难，一般在一次装夹下完成粗、精加工，为了弥补不分阶段带来的弊端，常常在粗加工后松开工件，然后以较小的夹紧力重新夹紧，再继续进行精加工工步。

3. 工序的划分

在机械加工工艺过程中，针对零件的结构特点和技术要求，必须采用不同的加工方法和装备，按照一定的顺序依次进行才能完成由毛坯到零件的转变过程。因此，机械加工工艺过程是由一个或若干个顺序排列的工序组成的。一个或一组工人在同一工作地对同一个或同时对几个工件所连续完成的那一部分工艺过程被称为工序，它是生产过程中最基本的组成单位。工序又由安装、工位、工步和进给等组成，工序与工作中心的关系十分密切。一般地，一道工序对应一个工作中心，当然也可以多道工序对应一个工作中心。

（1）工序划分原则

机械加工工序的划分通常采用工序集中原则和工序分散原则。

① 工序集中原则是指每道工序包括尽可能多的加工内容，从而使工序的总数减少。采用工序集中原则的优点是有利于采用高效的专用设备和数控机床，提高生产效率；减少工序数目，缩短工艺路线，简化生产计划和生产组织工作；减少机床数量、操作工人数和占地面积；减少工件装夹次数，不仅保证了各加工表面间的相互位置精度，还减少了夹具数量和装夹工件的辅助时间。但专用设备和工艺装备投资大，调整维修比较麻烦，生产准备周期较长，不利于转产。

② 工序分散原则是指将工件的加工分散在较多的工序内进行，每道工序的加工内容很少。采用工序分散原则的优点是加工设备和工艺装备结构简单，调整和维修方便，操作简单，转产容易；有利于选择合理的切削用量，减少机动时间。但工艺路线较长，所需设备及工人人数多，占地面积大。

（2）工序的划分方法

工序划分主要考虑生产纲领、所用设备及零件本身的结构和技术要求等。大批量生产时，若使用多轴、多刀的高效加工，可按工序集中原则组织生产；若在由组合机床组成的自动线上加工，一般按分散原则划分工序。随着现代数控技术的发展，特别是加工中心的应用，工艺路线的安排更多地趋向于工序集中。单件小批量生产时，通常采用工序集中原则；成批生产时，可按工序集中原则划分工序，也可按工序分散原则划分工序，应视具体情况而定；对于结构尺寸和质量都很大的重型零件，应采用工序集中原则，以减少装夹次数和运输量；对于刚性差、精度高的零件，应按工序分散原则划分工序。

在数控车床上加工零件，一般应按工序集中的原则划分工序，在一次安装下尽可能完成大部分甚至全部表面的加工。根据零件的结构形状不同，通常选择外圆、端面或内孔装夹，并力求设计基准、工艺基准和编程原点的统一。在批量生产中，常用以下两种方法划分工序：

① 按零件加工表面划分。将位置精度要求较高的表面安排在一次装夹下完成加工，以免多次装夹所产生的装夹误差影响位置精度。

② 按粗、精加工划分。对毛坯余量较大和加工精度要求较高的零件，应将粗加工和精加工分开，划分成两道或更多的工序。将粗加工安排在精度较低、功率较大的数控车床上，将精加工安排在精度较高的数控车床上。

（3）工序的安排原则

零件的加工工序通常包括切削加工工序、热处理工序和辅助工序等。这些工序的顺序直接影响零件的加工质量、生产效率和加工成本。因此，在设计工艺路线时，应合理地安排切削加工、热处理和辅助工序的顺序，并解决工序之间的衔接问题。车削加工工序的安排遵循以下原则：

① 基面先行原则。用作精基准的表面，应优先加工。因为定位基准的表面越精确，装夹误差就越小，所以对任何零件的加工，总是首先对定位基准面进行粗加工和半精加工，必要时，还要进行精加工。例如，轴类零件先加工中心孔，再以中心孔为精基准加工外圆表面和端面；箱体类零件先加工定位用的平面及两个定位孔，再以平面和定位孔为精基准加工孔系和其他平面。

② 先粗后精原则。各个表面的加工顺序按照粗加工→半精加工→精加工→光整加工的顺序依次进行，这样才能逐步提高加工表面的精度和减小表面粗糙度。

③ 先主后次原则。零件上的工作面及装配面精度要求较高，属于主要表面，应先加工。自由表面、键槽、紧固用的螺孔和光孔等表面，精度要求较低，属于次要表面，可穿插进行加工，一般安排在主要表面达到一定精度后、最终精加工之前。

④ 先近后远原则。在一般情况下，离对刀点近的部位先加工，离对刀点远的部位后加工，以便缩短刀具移动距离，减少空行程时间。对于车削而言，先近后远还有利于保持坯件或半成品的刚性，改善其切削条件。

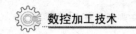

⑤ 内外交叉原则。对内表面（内型腔）和外表面都需要加工的零件，安排加工顺序时，应先进行内表面粗加工，后进行外表面精加工。通常在一次装夹中，不允许将零件上的某一部分表面（外表面和内表面）加工完毕后，再加工其他表面（内表面和外表面）。

4. 工步的划分

工步的划分主要从加工精度和生产效率两方面来考虑。在一个工序内往往需要使用不同的切削刀具和切削用量对不同的表面进行加工。为了便于分析和描述复杂的零件，在工序内又细分为工步。工步划分的原则如下：

（1）同一表面按粗加工→半精加工→精加工依次完成，或者全部加工表面按先粗加工后精加工分开进行。

（2）对既有铣削平面又有镗孔加工表面的零件，可按先铣削平面后镗孔的顺序进行加工。按此方法划分工步，可以提高孔的加工精度。因为铣削平面时切削力较大，零件易发生变形。先铣平面后镗孔，可以使其有一段时间恢复变形，并减少由此变形引起对孔的精度的影响。

（3）按使用的刀具来划分工步。某些机床工作台的回转时间比换刀时间短，可以采用按使用的刀具划分工步，以减少换刀次数，提高加工效率。

四、数控车削加工的定位与装夹

1. 定位

使工件在机床上或夹具中占有正确位置的过程称为定位。在工件的机械加工工艺过程中，合理地选择定位基准对保证工件的尺寸精度和相互位置精度起着重要的作用。定位基准分为粗基准、精基准和辅助基准 3 种。在开始加工毛坯时，以未加工表面定位，这种基准面称为粗基准；用已加工后的表面作为定位基准面称为精基准。

由于精基准表面平整、光洁，用于定位准确可靠，数控加工一般采用精基准定位，加工中选择不同的精基准定位，影响加工工件的位置精度。为保证工件的位置精度，选择精基准应遵循以下原则：

（1）基准重合原则。尽量选择加工表面的设计基准作为定位基准，这一原则称为基准重合原则。用加工表面的设计基准作为定位基准，可以避免因基准不重合而产生的定位误差。

（2）基准统一原则。当零件需要多道工序加工时，应尽可能在多数工序中选择同一组精基准定位，称为基准统一原则。例如，在加工发动机活塞零件的工艺过程中，多数工序都采用活塞的止口和端面定位，即体现了基准统一原则。基准统一有利于保证工件各加工表面的位置精度，避免或减少因基准转换而带来的加工误差。同时可以简化夹具的设计和制造。

（3）自为基准原则。有时精加工或光整加工工序要求被加工面的加工余量小而均匀，则应以加工表面本身作为定位基准，称为自为基准原则。例如，拉孔、铰孔、研磨、无心磨等加工都采用自为基准定位。

（4）互为基准原则。某个工件上有两个相互位置精度要求很高的表面，采用工件上的这两个表面互相作为定位基准，反复加工另一表面，称为互为基准。互为基准可使两个加工表面间获得高的相互位置精度，且加工余量小而均匀。

由于数控加工的特点是工序集中，一般情况下是按照基准重合原则选择定位基准，即选择加工几何要素的设计基准为定位基准。

2. 装夹

数控车削加工时，根据车削加工的内容及工件的形状、大小和加工数量的不同，常采用的装夹方式有卡盘装夹（又分为自定心卡盘装夹和单动卡盘装夹）、顶尖装夹、心轴装夹等。

（1）自定心卡盘装夹。自定心卡盘的结构如图 2-3 所示，主要由卡盘体、1 个大锥齿轮和 3 个小锥齿轮等零件组成。它是车床上最常用的夹具，用其夹持工件时一般不需要找正，装夹速度较快。把它略加以改进，还可以方便地装夹方料及其他形状的材料。

（a）卡盘体   （b）大锥齿轮   （c）小锥齿轮

图 2-3　自定心卡盘的结构

（2）单动卡盘装夹。单动卡盘如图 2-4 所示，它也是车床上常用的夹具，适用于装夹形状不规则或大型的工件，夹紧力较大，装夹精度较高，不受卡爪磨损的影响，但装夹不如自定心卡盘方便。

（3）顶尖装夹。车削较长的轴类工件，或者须经多次装夹才能加工好的工件时，为了保证每次装夹时的装夹精度，一般采用两顶尖装夹的方式，如图 2-5 所示。

图 2-4　单动卡盘　　　　　　　　　　图 2-5　顶尖装夹

顶尖有普通顶尖（俗称死顶尖）、反顶尖及活顶尖等类型，如图 2-6 所示。车床上的前、后顶尖一般采用普通顶尖。高速切削时，为防止后顶尖磨损、发热或烧损，常采用活顶尖。活顶尖结构复杂，旋转精度较低，多用于粗车和半精车。直径小于 6mm 的轴颈不便加工中心孔，则将轴端加工成 60° 的锥面后安装在反顶尖上。

图 2-6　顶尖的种类

当工件用顶尖支撑在机床上时，顶尖不转动，工件的旋转运动是通过鸡心夹头（或卡箍）获得的。鸡心夹头夹持部分（或卡箍）装夹工件，另一端与同主轴相连接的拨盘配合，主轴通过拨盘带动紧固在轴端的卡箍使工件转动。

用两顶尖装夹工件，必须先在工件端面钻出中心孔。

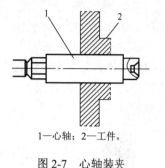

1—心轴；2—工件。

图 2-7　心轴装夹

（4）心轴装夹。心轴装夹用于盘套类零件。盘套类零件的外圆对孔的轴线常有径向圆跳动的公差要求，两个端面相对于孔的轴线常有轴向圆跳动的公差要求，此时可采用心轴装夹，如图 2-7 所示。即在孔精加工之后，将工件装到心轴上精车端面或外圆，以保证上述位置精度要求。作为定位面的孔，其精度等级一般不应低于 IT8，表面粗糙度值不大于 1.6μm。心轴装夹的特点是制造容易、使用方便、应用广泛。

五、数控车削刀具的选择

数控车床使用的刀具从切削方式上分为 3 类：圆表面切削刀具、端面切削刀具和中心孔类刀具。各类刀具又具有不同的形状和材质。

1. 车削刀具类型

数控车床一般使用标准的机夹可转位刀具。机夹可转位刀具的刀片和刀体都有标准，刀片材料采用硬质合金、涂层硬质合金及高速钢。

数控车床机夹可转位刀具类型有外圆刀具、外螺纹刀具、内圆刀具、内螺纹刀具、切断刀具、孔加工刀具（包括中心孔钻头、镗刀、丝锥等）。

机夹可转位刀具在固定不重磨刀片时通常采用螺钉、螺钉压板、杠销或楔块等结构。常用外圆可转位车刀类型如图 2-8 所示。

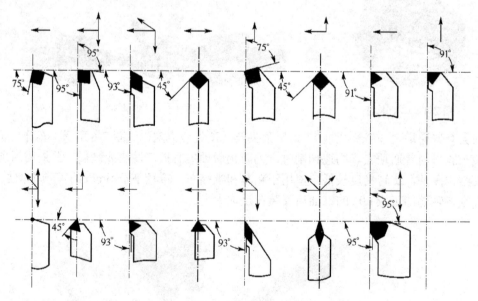

图 2-8　常用外圆可转位车刀类型

选择刀具类型主要应考虑以下因素：

（1）一次连续加工表面尽可能多；

（2）在切削过程中，刀具不能与工件轮廓发生干涉；

（3）有利于提高加工效率和加工表面质量；

（4）有合理的刀具强度和耐用度。

2. 选择刀片材料

常用的车削刀具有高速钢和硬质合金两大类。

高速钢通常是型坯材料，韧性较硬质合金好，硬度、耐磨性和红硬性较硬质合金差，不适于切削硬度较高的材料，也不适于进行高速切削。高速钢刀具在使用前需生产者自行刃磨，且刃磨方便，适于各种特殊需要的非标准刀具。

硬质合金刀片切削性能优异，在数控车削中被广泛使用。硬质合金刀片有标准规格系列，具体技术参数和切削性能由刀具生产厂家提供。

硬质合金刀片在国际标准中主要以硬质合金的硬度、抗弯强度等指标为依据，分为三大类：P——钢类，M——不锈钢类，K——铸铁类，并分别在 K、P、M 这 3 种代号之后附加 01、05、10、20、30、40、50 等数字进行细分。一般地，数字越小，表示其硬度越高，但韧性越低；反之，数字越大，则表示其韧性越高，但硬度越低。

此外，还有硬度和耐磨性均超过硬质合金的刀具材料，如陶瓷、立方氮化硼和金刚石等，在此不再赘述。

3. 刀片编号规则

了解刀片的编号规则及符号意义对刀具的选择和使用有很大的帮助。刀片的国际编号通常由 9 个编号组成（包括第 8 和第 9 编号），如图 2-9 所示。

使用数控车床加工前，要对使用的刀具进行设置，数控系统根据刀具参数修正刀尖切削轨迹，检查刀具在加工过程中是否与已加工表面发生干涉或过切。较为重要的刀具参数有：刀尖圆弧半径、刀具主偏角、刀尖角、刀长、刀宽等，系统能够从刀具参数中识别所有刀具类型，当刀具类型使用错误时，数控系统则拒绝执行加工程序，并给出刀具使用错误报警。

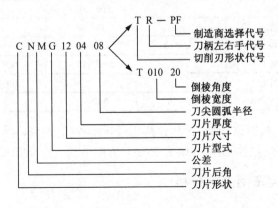

图 2-9　刀片编号规则

六、数控车削切削用量的选择

数控编程是通过程序来体现编程者编制工艺的意图，如何合理地选择车削时的切削用量，对零件的加工经济性和零件最终精度的形成起到关键的作用。切削用量包括背吃刀量 a_p、切削速度 v_c、主轴转速 n、进给量 f。这些参数均应在机床给定的允许范围内选取。

在工厂的实际生产过程中，切削用量一般根据经验并通过查表的方式进行选取。表 2-1 为常用硬质合金或涂层硬质合金刀具切削不同材料时的切削用量推荐值，表 2-2 为常用切削用量推荐表。

表 2-1　常用硬质合金或涂层硬质合金刀具切削用量推荐值

刀具材料	工件材料	粗加工			精加工		
		切削速度 v_c /(m/min)	进给量 f /(mm/r)	背吃刀量 a_p /mm	切削速度 v_c /(m/min)	进给量 f /(mm/r)	背吃刀量 a_p /mm
硬质合金或涂层硬质合金	碳钢	220	0.2	3	260	0.1	0.4
	低合金钢	180	0.2	3	220	0.1	0.4
	高合金钢	120	0.2	3	160	0.1	0.4
	铸铁	80	0.2	3	120	0.1	0.4
	不锈钢	80	0.2	2	60	0.1	0.4
	钛合金	40	0.2	1.5	150	0.1	0.4
	灰铸铁	120	0.2	2	120	0.15	0.5
	球墨铸铁	100	0.2～0.3	2	120	0.15	0.5
	铝合金	1600	0.2	1.5	1600	0.1	0.5

表 2-2　常用切削用量推荐表

工件材料	加工内容	背吃刀量 a_p/mm	切削速度 v_c/(m/min)	进给量 f/(mm/r)	刀具材料
碳素钢 抗拉强度 σ_b>600MPa	粗加工	5～7	60～80	0.2～0.4	YT 类
		2～3	80～120	0.2～0.4	
	精加工	2～6	120～150	0.1～0.2	
	钻中心孔	—	500～800		W18Cr4V
	钻孔	—	25～30		
	切断（宽度<5mm）	70～110	0.1～0.2	—	YT 类
铸铁的硬度 <200HBW	粗加工	—	50～70	0.2～0.4	YG 类
	精加工	—	70～100	0.1～0.2	
	切断（宽度<5mm）	50～70	0.1～0.2		

需特别说明的是，数控车床加工螺纹时，因其传动链的改变，原则上其转速只要能保证主轴每转一周时，刀具沿主进给轴（多为 Z 轴）方向位移一个螺距即可，不应受到限制。

七、典型零件的数控车削工艺分析

下面以如图 2-10 所示的阶梯轴为例，介绍轴类零件的数控车削工艺分析。

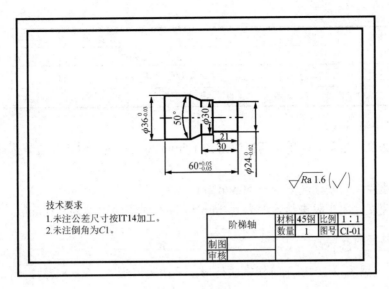

技术要求
1.未注公差尺寸按IT14加工。
2.未注倒角为C1。

| 阶梯轴 | 材料 | 45钢 | 比例 | 1：1 |
| | 数量 | 1 | 图号 | CI-01 |

| 制图 | |
| 审核 | |

图 2-10　阶梯轴

1. 分析零件图样

该零件由圆柱、圆锥面等表面组成。其中，ϕ24mm 和 ϕ36mm 柱面有公差要求，公差为IT6，表面粗糙度 Ra 为 1.6μm，所以技术要求很高；该零件材料为 45 钢，切削加工性能较好，尺寸标注齐全。通过分析，零件图样上带公差的尺寸，编程时取其平均值。

2. 加工方案的拟订

该零件的加工工艺过程如表 2-3 所示。

表 2-3　阶梯轴的加工工艺过程

工序号	工序名称	工序内容	加工设备	设备型号
1	粗车	径向余量 0.5mm，轴向余量 0.1mm	数控车床	CKH6140
2	精车	倒角，保证轴径尺寸 $\phi36_{-0.03}^{0}$ mm、$\phi24_{-0.02}^{0}$ mm、保证表面粗糙度 Ra 为 1.6μm	数控车床	CKH6140
3	切断	切断保证尺寸 $60_{-0.05}^{+0.05}$ mm	数控车床	CKH6140

（1）确定装夹方案
用自定心卡盘一端夹紧，在一次装夹中加工有相互位置精度要求的外圆表面与端面。
（2）刀具
将所选定的刀具参数填入表 2-4 中，以便于编程和操作管理。

表 2-4　阶梯轴数控加工刀具卡片

产品名称或代号		阶梯轴		零件名称	阶梯轴	零件图号	CL-01
序号	刀具号	刀具规格名称	数量	加工表面		刀尖半径/mm	备注
1	T0101	93°左偏刀	1	粗、精车，保证 $\phi36_{-0.03}^{0}$ mm、$\phi24_{-0.02}^{0}$ mm、外圆尺寸并倒角		0.4	

续表

产品名称或代号		阶梯轴		零件名称		阶梯轴	零件图号	CL-01
序号	刀具号	刀具规格名称	数量	加工表面			刀尖半径/mm	备注
2	T0202	切断刀	1	切断保证尺寸 $60_{-0.05}^{+0.05}$ mm				宽 4mm
编制	××	审核	××	批准	××	年 月 日	共 1 页	第 1 页

（3）确定切削用量

① 切削深度。粗车时，单边切削深度为 1.5mm 左右；精车时，单边外圆的切削深度为 0.15mm 左右。

② 切削速度。切削速度为 30～50mm/min。

③ 进给速度。粗车时进给速度为 0.2mm/r，精车时进给速度为 0.1mm/r。

3．走刀路径的安排

粗车时，根据图 2-10 所示阶梯轴的外形，采用矩形走刀，路径最短；精车时，后一刀由近到远连续完成。

第三节　数控车削编程基础知识

一、数控车削编程概述

在数控机床上加工零件，首先要进行程序编制，将零件的加工顺序、工件与刀具相对运动轨迹的尺寸数据、工艺参数（主运动和进给运动速度、切削深度等）及辅助操作等加工信息，用规定的文字、数字、符号组成的代码，按一定的格式编写成加工程序单，然后将程序单的信息通过控制介质输入数控装置，由数控装置控制机床进行自动加工。从零件图样到编制零件加工程序和制作控制介质的全部过程称为数控程序编制（简称数控编程）。

1．加工程序的一般格式

（1）程序开始符、结束符

程序开始符、结束符是同一个字符，ISO 代码中是%，EIA 代码中是 EP，书写时要单列一段。

（2）程序名

程序名有两种形式：一种是由英文字母 O 和 1～4 位正整数组成的；另一种是由英文字母开头，字母和数字混合组成的。一般要求单列一段。

（3）程序主体

程序主体是由若干个程序段组成的。每个程序段一般占一行。

（4）程序结束指令

程序结束指令可以用 M02 或 M30。一般要求单列一段。

%	//开始符

```
O1000;                                          //程序名

N10 G00 G54 X50 Y30 M03 S3000;
N20 G01 X88.1 Y30.2 F500 T02 M08;
                                                //程序主体

N30 X90;
N300 M30;

%                                               //结束符
```

2. 程序段格式

一个程序由若干个程序段构成，而一个程序段由若干个字构成，字由地址符加阿拉伯数字构成，地址符用拉丁字母表示，字是构成程序的最小组成单元。程序段一般采用可变地址程序段格式，即在同一个程序段中字的排列无严格的顺序要求。字-地址可变程序段格式的编排顺序通常如下：

```
N__ G__ X__ Y__ F__ S__ T__ M__;
```

3. 字的类型

一个程序段由若干个字构成，字的类型主要有以下 7 种。

（1）顺序号字 N

顺序号又称程序段号或程序段序号。顺序号位于程序段之首，由顺序号字 N 和后续数字组成。顺序号字 N 是地址符，后续数字一般为 1～4 位的正整数。数控加工中的顺序号实际上是程序段的名称，与程序执行的先后次序无关。数控系统不是按顺序号的次序来执行程序，而是按照程序段编写时的排列顺序逐段执行。

顺序号的作用：对程序的校对和检索修改；作为条件转向的目标，即作为转向目的程序段的名称。有顺序号的程序段可以进行复归操作，这是指加工可以从程序的中间开始，或回到程序中断处开始。

一般使用方法：编程时将第一程序段冠以 N10，以后以间隔 10 递增的方法设置顺序号，这样，在调试程序时，如果需要在 N10 和 N20 之间插入程序段，则可以使用 N11、N12 等。

（2）准备功能字 G

准备功能字的地址符是 G，又称为 G 功能或 G 指令，是用于建立机床或控制系统工作方式的一种指令，后续数字一般为两位正整数。G 指令分模态指令和非模态指令。模态指令是指程序段中一旦指定了该指令，在此之后的程序段中一直有效，直到有同组指令替代它或撤销它为止；非模态指令只在本程序段中有效。

（3）尺寸字

尺寸字用于确定机床上刀具运动终点的坐标位置。

其中，第一组 X、Y、Z、U、V、W、P、Q、R 用于确定终点的直线坐标尺寸；第二组 A、B、C、D、E 用于确定终点的角度坐标尺寸；第三组 I、J、K 用于确定圆弧轮廓的圆心坐标尺寸。在一些数控系统中，还可以用 P 指令指定暂停时间、用 R 指令指定圆弧的半径等。

多数数控系统可以用准备功能字来选择坐标尺寸的制式，如 FANUC 诸系统可用 G21/G22 来选择米制单位或英制单位，也有些系统用系统参数来设定尺寸制式。采用米制时，一般单位为 mm，如 X100 指令的坐标单位为 100mm。当然，一些数控系统可通过参数来选择不同的尺寸单位。

（4）进给功能字 F

进给功能字的地址符是 F，又称为 F 功能或 F 指令，用于指定切削的进给速度。对于车床，F 可分为每分钟进给和主轴每转进给两种；对于其他数控机床，一般只用每分钟进给。F 指令在螺纹切削程序段中常用来指定螺纹的导程。

（5）主轴转速功能字 S

主轴转速功能字的地址符是 S，又称为 S 功能或 S 指令，用于指定主轴转速。单位为 r/min。对于具有恒线速度功能的数控车床，程序中的 S 指令用来指定车削加工的线速度数。

（6）刀具功能字 T

刀具功能字的地址符是 T，又称为 T 功能或 T 指令，用于指定加工时所用刀具的编号。对于数控车床，其后的数字还兼作指定刀具长度补偿和刀尖半径补偿用。

（7）辅助功能字 M

辅助功能字的地址符是 M，后续数字一般为 1~3 位正整数，又称为 M 功能或 M 指令，用于指定数控机床辅助装置的开关动作。

（8）程序段结束符

写在每一个程序段末尾，表示程序段结束。书面和显式表达一般用";"，数控机床操作面板上用"EOB"代替";"。

二、数控车床的坐标系统

数控车床的坐标系统的具体内容参考第一章第四节的"三、数控机床坐标系"。1. 绝对坐标与相对坐标

定义轴移动量的方法有绝对值定义和相对值定义两种。用轴移动的终点位置的坐标值进行编程的方法，称为绝对坐标编程。用轴移动量直接编程的方法，称为相对坐标（增量坐标）编程。本书中，绝对坐标编程采用地址 X、Z，相对坐标编程采用地址 U、W。

如图 2-11 所示，从起点 A 到终点 B 的移动过程，可用绝对值指令编程或相对值指令编程，具体如下：

绝对值指令编程：X70.0 Z40.0。

相对值指令编程：U40.0 W-60.0。

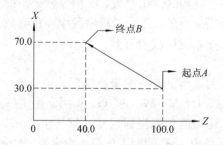

图 2-11　绝对坐标与相对坐标

绝对值指令和相对值指令是用地址字来区分的，如表2-5所示。

表2-5　地址字

绝对值指令	相对值指令	备注
X	U	X轴移动指令
Z	W	Z轴移动指令

例如：

X＿＿　W＿；

　　　└──→ 相对值指令（Z轴移动指令）

　└──────→ 绝对值指令（X轴移动指令）

举例：分别用绝对值指令和相对值指令编写图2-12所示零件的加工程序。具体如表2-6所示。

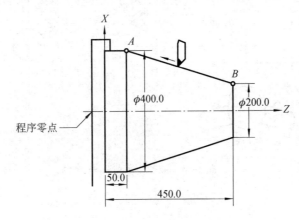

图2-12　绝对值指令和相对值指令编程示例

表2-6　举例说明

	指令方法	使用地址	图2-12中B→A的指令
绝对值指令	指令在零件坐标系中的终点位置	X（X坐标值）Z（Z坐标值）	X400.0 Z50.0;
相对值指令	指令从起点到终点的距离	U（X坐标值）W（Z坐标值）	U200.0 W-400.0;

注意：

① 绝对值指令和相对值指令在一个程序段内可以混用。上例中也可以编为

```
X400.0 W-400.0;
```

② 当X和U或Z和W在同一个程序段中同时出现时，系统报警。

2. 数控车床编程特点

（1）加工坐标系

加工坐标系应与机床坐标系的坐标方向一致，X轴对应径向，Z轴对应轴向，如图2-13所示。

加工坐标系的原点选在便于测量或对刀的基准位置，一般在工件的右端面或左端面上。

（2）直径编程方式

在车削加工的数控程序中，X 轴的坐标值取零件图样上的直径值，如图 2-14 所示：图中 A 点的坐标值为（30，80），B 点的坐标值为（40，60）。采用直径尺寸编程与零件图样中的尺寸标注一致，这样可避免尺寸换算过程中可能造成的错误，给编程带来很大方便。

（3）进刀和退刀方式

对于车削加工，进刀时采用快速走刀接近工件切削起点附近的某个点，再改用切削进给，以减少空走刀的时间，提高加工效率。切削起点的确定与工件毛坯余量大小有关，应以刀具快速走到该点时刀尖不与工件发生碰撞为原则，如图 2-15 所示。退刀时，也以刀尖不与工件发生碰撞为原则。

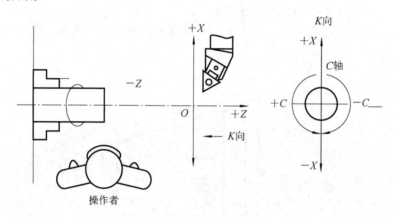

图 1-13　数控车床坐标系

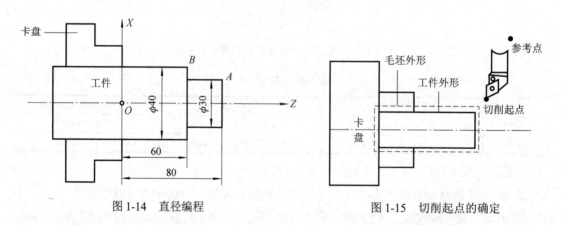

图 1-14　直径编程　　　　　　　图 1-15　切削起点的确定

三、数控车削常用编程指令

1. 单一形状固定循环指令

（1）G90——单一形状固定循环指令（径向）

指令格式：

```
G90 X(U)_ Z(W)_ R_ F_ ;
```

指令说明：

① X（U）和 Z（W）为循环切削终点（图 2-6 所示 *C* 点）处的坐标，U 和 W 表示的数值符号取决于轨迹 *AB* 和 *BC* 的方向。

② R 为圆锥面切削起点（图 2-6 所示 *B* 点）处的 *X* 坐标值减终点（图 2-6 所示 *C* 点）处 *X* 坐标值的二分之一，当 R 为 0 时，可省略。

③ F 为循环切削过程中的进给速度，该值可沿用到后续程序中，也可沿用循环程序前已经指定的 F 值。

> 例：G90 X30.0 Z－30.0 （R0） F0.1;

本指令的运动轨迹如图 2-16 所示。

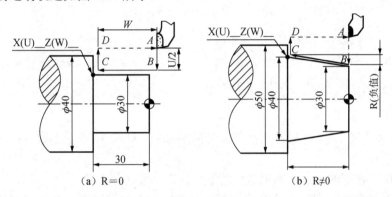

图 2-16　G90 指令运动轨迹图

注意事项：

① 在固定循环切削过程中，M、S、T 等功能不能改变，如需改变，必须在 G00 或 G01 的指令下变更。

② G90 循环每一步切削加工结束后，刀具自动返回起刀点。

③ G90 循环第一步移动必须是沿 *X* 轴单方向移动。

④ G90 循环指令中的 R 值有正负之分，当切削起点处的半径小于终点处的半径时，R 为负值，反之则为正值。

（2）G94——单一形状固定循环指令（端面）

这里所指的端面即与 *X* 轴坐标平行的端面，称为平端面。

指令格式：

> G94 X(U)＿ Z(W)＿ R＿ F＿;

指令说明：

① X（U）、Z（W）和 F 含义同 G90；

② R 为斜端面切削起点（图 2-17 所示 *B* 点）处的 *Z* 坐标值减去其终点（图 2-17 所示 *C* 点）处的 *Z* 坐标值。

> 例：G94 X10.0 Z－20.0 （R0） F0.2;

本指令的运动轨迹如图 2-17 所示，前者 R=0，后者 R≠0。

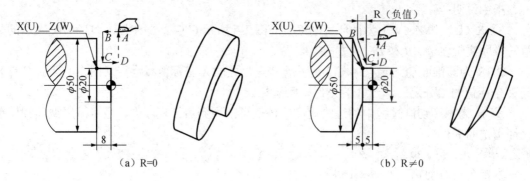

（a）R=0 　　　　　　　　　　　（b）R≠0

图 2-17　G94 指令运动轨迹图

（3）G92——螺纹切削单一固定循环指令

指令格式：

```
G92  X(U)_ Z(W)_ R_ F_;
```

指令说明：

① X（U）和 Z（W）为螺纹切削终点处的坐标值，U 和 W 表示的数值符号取决于轨迹 *AB* 和 *BC* 的方向。

② F 为螺纹导程的大小，如果是单线螺纹，则为螺距的大小。

③ R 为圆锥螺纹切削起点处的 *X* 坐标值减去终点（编程终点）处的 *X* 坐标值的二分之一。R 值为零时，在程序中可省略不写，此时的螺纹为圆柱螺纹。R 的方向规定为，当切削起点处的半径小于终点处的半径（即顺圆锥外表面）时，R 取负值。

G92 指令圆柱螺纹切削轨迹如图 2-18（a）所示，与 G90 循环相似，运动轨迹也是一个矩形。执行一个 G92 指令，刀具从循环起点 *A* 沿 *X* 轴快速移动至 *B* 点，然后以导程/转的进给速度沿 *Z* 轴切削进给至 *C* 点，再从 *X* 轴快速退刀至 *D* 点，最后返回循环起点 *A*，准备下一次循环。

在 G92 循环编程中，通常情况下，*X* 向循环起点取在离外圆表面 1～2mm（直径量）的地方，*Z* 向的循环起点根据导入值的大小来选取。

如图 2-18（b）所示为圆锥螺纹车削时的刀具移动轨迹图，其与 G90 车削圆锥相类似。

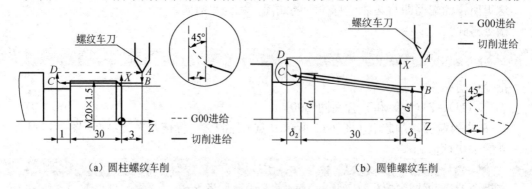

（a）圆柱螺纹车削 　　　　　　　　　　　（b）圆锥螺纹车削

图 2-18　G92 指令走刀路线图

使用螺纹切削单一固定循环指令（G92）时的注意事项：

① 在螺纹切削过程中，按循环暂停键时，刀具立即按斜线回退，先回到 X 轴的起点，再回到 Z 轴的起点。在回退期间，不能进行另外的暂停。

② 如果在单段方式下执行 G92 指令，则每执行一次循环必须按 4 次循环启动按钮。

③ G92 指令是模态指令，当 Z 轴移动量没有变化时，只需对 X 轴指定其移动指令即可重复执行固定循环动作。

④ 执行 G92 指令时，在螺纹切削的退尾处，刀具沿接近 45°的方向斜向退刀，Z 向退刀距离 $r=0.1S \sim 12.7S$（S 为导程），该值由系统参数设定。

⑤ 在 G92 指令执行过程中，进给速度倍率和主轴速度倍率均无效。

2. 自动倒角功能

（1）自动倒直角指令

在零件加工中，因工艺需要常在零件的锐边进行倒直角，如果把倒角当圆锥车削，不但增加了计算的量，也增加了程序的长度。FANUC 系统提供自动倒直角的功能，可方便实现倒直角。

指令格式：

```
G01  X(U)_  C_  F_ ;
G01  Z(W)_  C_  F_ ;
```

指令说明：

① X（U）为倒直角前轮廓尖角处（图 2-19 中 A、C 点）在 X 向的绝对或增量坐标。

② Z（W）为倒直角前轮廓尖角处（图 2-19 中 A、C 点）在 Z 向的绝对或增量坐标。

③ C 为倒直角的直角边边长。

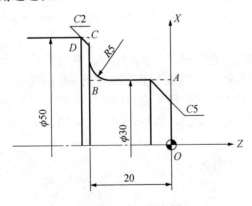

图 2-19　自动倒角图

使用倒直角指令时的注意事项：

① 倒直角指令中的 C 值有正负之分。当倒角的方向指向另一坐标轴的正方向时，其 C 值为正，反之则为负。

② FANUC 系统中的倒直角指令仅适用于两直线边间的倒角。

③ 倒直角指令格式可用于凸、凹形尖角轮廓。

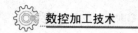
（2）自动倒圆角指令

指令格式：

```
G01 X(U)_ Z(W)_ R_ F_ ;
```

指令说明：

① X（U）为倒圆角前轮廓尖角处（图 2-19 中 *B* 点）在 *X* 向的绝对或增量坐标。

② Z（W）为倒圆角前轮廓尖角处（图 2-19 中 *B* 点）在 *Z* 向的绝对或增量坐标。

③ R 为倒圆半径。

使用倒圆角指令时的注意事项：

① 倒圆角指令中的 R 值有正负之分。当倒圆的方向指向另一坐标轴的正方向时，其 R 值为正，反之则为负。

② FANUC 系统中的倒圆角指令仅适用于两直角边间的倒圆。

③ 倒圆角指令格式可用于凸、凹形尖角轮廓。

3. 刀尖圆弧半径补偿功能

（1）刀尖圆弧半径补偿的定义

在实际加工中，由于刀具产生磨损及精加工的需要，常将车刀的刀尖修磨成半径较小的圆弧，这时的刀位点为刀尖圆弧的圆心。

为确保工件轮廓形状，加工时不允许刀具刀尖圆弧的圆心运动轨迹与被加工工件轮廓重合，而应与工件轮廓偏移一个半径值，这种偏移称为刀尖圆弧半径补偿。圆弧形车刀的刀刃半径偏移也与其相同。

（2）假想刀尖与刀尖圆弧半径

在理想状态下，总是将尖形车刀的刀位点假想成一个点，该点即为假想刀尖（图 2-20 的 *A* 点）。

在对刀时也是以假想刀尖进行对刀。但实际加工中的车刀，由于工艺或其他要求，刀尖往往不是一个理想的点，而是一段圆弧（图 2-20 中的 *BC* 圆弧）。

刀尖圆弧半径是指车刀刀尖圆弧所构成的假想圆半径（图 2-20 中的 *r*）。实践中，所有车刀均有大小不等或近似的刀尖圆弧，假想刀尖在实际加工中是不存在的。

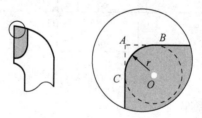

图 2-20　刀尖的假想 *A* 点

（3）未使用刀尖圆弧半径补偿时的加工误差分析

① 加工台阶面或端面时，未使用刀尖圆弧半径补偿对加工表面的尺寸和形状影响不大，但在端面的中心位置和台阶的清角位置会产生残留误差，如图 2-21 所示。

② 加工圆锥面时，未使用刀尖圆弧半径补偿对圆锥的锥度不会产生影响，但对锥面的大小端尺寸会产生较大的影响，通常情况下，会使外锥面的尺寸变大，而使内锥面的尺寸变小，如图 2-22 所示。

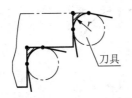

图 2-21 对台阶面加工的影响

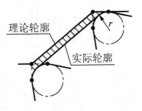

图 2-22 对圆锥面加工的影响

③ 加工圆弧时，未使用刀尖圆弧半径补偿会对圆弧的圆度和圆弧半径产生影响。加工外凸圆弧时，会使加工后的圆弧半径变小，其值=理论轮廓半径 R–刀尖圆弧半径 r，如图 2-23（a）所示。加工内凹圆弧时，会使加工后的圆弧半径变大，其值=理论轮廓半径 R+刀尖圆弧半径 r，如图 2-23（b）所示。

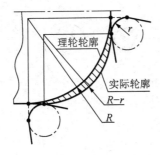

（a）加工外凸圆弧时

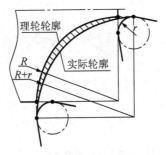

（b）加工内凹圆弧时

图 2-23 刀尖圆弧对圆锥面加工的影响

（4）刀尖圆弧半径补偿指令

指令格式：

```
G41 G01/G00  X_ Y_ F_(刀尖圆弧半径左补偿)
G42 G01/G00  X_ Y_ F_(刀尖圆弧半径右补偿)
G40 G01/G00  X_ Y_(取消刀尖圆弧半径补偿)
```

指令说明：

① 刀尖圆弧半径补偿偏置方向的判别方法是沿切削方向看，刀具在工件的哪一侧，就使用哪一侧的补偿。

② 数控车床存在前置刀架与后置刀架的区别，补偿方向一般按照图样所示零件中心线上侧的加工方向来判断。

（5）圆弧车刀刀沿位置的确定

根据各种刀尖形状及刀尖位置的不同，数控车刀的刀沿位置如图 2-24 所示，共有 9 种。

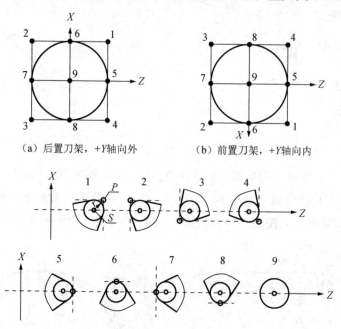

（a）后置刀架，+Y轴向外　　　　（b）前置刀架，+Y轴向内

（c）具体刀具的相应刀沿号

P—假想刀尖点；S—刀沿圆心位置；r—刀尖圆弧半径

图 2-24　　数控车刀的刀沿位置

部分典型刀具的刀沿号如图 2-25 所示。

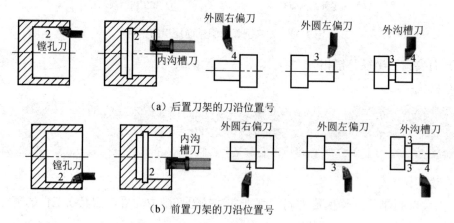

（a）后置刀架的刀沿位置号

（b）前置刀架的刀沿位置号

图 2-25　部分典型刀具的刀沿号

（6）刀尖圆弧半径补偿过程

刀尖圆弧半径补偿的过程分为 3 步：刀补建立、刀补进行和刀补取消，如图 2-26 所示。

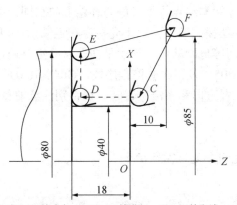

FC—刀补建立；*CDE*—刀补进行；*EF*—刀补取消。

图 2-26 刀尖圆弧半径补偿过程

编程示例如下：

```
O0010;
N10 G99 G40 G21;                //程序初始化
N20 T0101;                      //转 1 号刀，执行 1 号刀补
N30 M03 S1000;                  //主轴按 1000r/min 正转
N40 G00 X85.0 Z10.0;            //快速点定位
N50 G42 G01 X40.0 Z5.0 F0.2;    //刀补建立
N60 Z-18.0;                     //刀补进行
N70 X80.0;                      //刀补进行
N80 G40 G00 X85.0 Z10.0;        //刀补取消
N90 G28 U0 W0;                  //返回参考点
N100 M30;
```

① 刀补建立。刀补建立指刀具从起点接近工件时，车刀圆弧刃的圆心从与编程轨迹重合过渡到与编程轨迹偏离一个偏置量的过程。该过程的实现必须与 G00 或 G01 指令配合使用。

② 刀补进行。在 G41 或 G42 程序段后，程序进入补偿模式，此时车刀圆弧刃的圆心与编程轨迹始终相距一个偏置量，直到刀补取消。

③ 刀补取消。刀具离开工件，车刀圆弧刃的圆心轨迹过渡到与编程轨迹重合的过程称为刀补取消，如图 2-26 中的 *EF* 段（即 N80 程序段）。刀补的取消用 G40 指令来执行，需要特别注意的是，G40 指令必须与 G41 或 G42 指令成对使用。

（7）进行刀尖圆弧半径补偿时应注意的事项

① 刀尖圆弧半径补偿模式的建立与取消程序段只在 G00 或 G01 移动指令模式下有效。

② G41 和 G42 不带参数，其补偿号（代表所用刀具对应的刀尖半径补偿值）由 T 指令指定。该刀尖圆弧半径补偿号与刀具偏置补偿号对应。

③ 采用切线切入方式或法线切入方式建立或取消刀补。对于不便于沿工件轮廓线方向切向或法向切入、切出时，可根据情况增加一个过渡圆弧的辅助程序段。

④ 为了防止在刀尖圆弧半径补偿建立与取消过程中，刀具产生过切现象，在建立与取

消补偿时，程序段的起始位置与终点位置最好与补偿方向在同一侧。

⑤ 在刀尖圆弧半径补偿模式下，一般不允许存在连续两段以上的补偿平面内非移动指令，否则刀具也会出现过切等危险动作。补偿平面非移动指令通常指仅有 G、M、S、F、T 指令的程序段（如 G90、M05）及程序暂停程序段（G04 X10.0）。

⑥ 在选择刀尖圆弧偏置方向和刀沿位置时，要特别注意前置刀架和后置刀架的区别。

4. 车削循环功能指令

（1）G71——内、外径粗车复合循环指令
指令格式：

```
G71  U(Δd)  R(e);
G71  P(ns)  Q(nf)  U(Δu)  W(Δw)  F(f);
```

指令说明：

① Δd 为背吃刀量（半径量，无符号）。

② e 为退刀量。

③ ns 为指定精加工路线的第一个程序段号。

④ nf 为指定精加工路线的最后一个程序段号。

⑤ Δu 为 X 方向上的精加工余量（直径量）和方向（外轮廓用"+"，内轮廓用"-"）。

⑥ Δw 为 Z 方向上的精加工余量和方向。

⑦ 在 ns～nf 程序段内的 F、S、T 功能无效。在整个粗车循环中，只执行循环开始前指令的 F、S、T 功能。

内、外径粗车复合循环指令 G71 的走刀轨迹如图 2-27 所示，该指令适合切除棒料毛坯的大部分加工余量，主要用于径向尺寸要求比较高、轴向尺寸大于径向尺寸的毛坯工件的粗车循环加工。

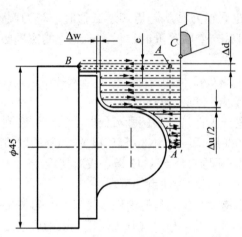

图 2-27　G71 指令走刀轨迹

使用内、外径粗车复合循环指令 G71 时的注意事项如下：

① 编程时 ns→nf 程序段必须紧跟在 G71 程序段的后面，如果在 G71 程序段前面编写，

数控系统会自动搜索到 ns→nf 程序段并执行，等到执行完成后，再按顺序执行 nf 程序段的下一程序段，这样就会引起重复执行 ns→nf 程序段，出现死循环。

② 执行 G71 指令时，ns→nf 程序段实际上只用于计算粗车轮廓，ns→nf 程序段本身并未被执行，在执行 G70 指令时，ns→nf 程序段才真正被执行。

③ 在执行 G71 指令时，G71 程序段中的 F、S、T 功能是有效的，而 ns→nf 程序段中的 F、S、T 功能是无效的，只有在执行 G70 指令时，ns→nf 程序段中的 F、S、T 功能才是有效的。

④ ns 程序段只能为不含 Z（W）指令字的 G00、G01 指令，否则机床报警。

⑤ G71 循环中要求 ns→nf 程序段的 X、Z 轴的尺寸都必须是单调变化（同时增大或减小）的。

⑥ 在 ns→nf 程序段中，不能出现循环指令（如 G90、G94、G71、G72 等），也不能出现螺纹切削指令和子程序调用指令（如 G32、G92、M98、M99 等）。

⑦ 关于刀尖圆弧半径补偿指令 G40、G41、G42 的使用有两种情况：有些数控系统允许其放在 ns→nf 程序段中（循环内），有些数控系统只允许放在 G71 程序段前（循环外），否则机床报警。当然，不论哪种情况，G40、G41、G42 指令在执行 G71 循环时是无效的，而在执行 G70 精加工循环时才有效。

⑧ 在 MDI 方式中是不能执行 G71 指令的。

⑨ 在同一程序中当需要多次使用 G71、G70 循环指令时，ns 与 nf 程序段不允许用相同的程序段号。

（2）G72——端面粗车复合循环指令

指令格式：

```
G72  W(Δd)  R(e);
G72  P(ns)  Q(nf)U  (Δu)  W(Δw)  F(f)  S(s)  T(t);
```

指令说明：

① Δd 为每次循环的切削深度，模态值，直到下个指令之前均有效，也可以用参数指定。根据程序指令，参数中的值也变化，单位为 mm。

② e 为每次切削的退刀量，模态值，在下个指令之前均有效，也可以用参数指定。根据程序指令，参数中的值也变化。

③ ns 为精加工路径第一程序段的顺序号（行号）。

④ nf 为精加工路径最后一个程序段的顺序号（行号）。

⑤ Δu 为 X 方向上的精加工余量。

⑥ Δw 为 Z 方向上的精加工余量。

⑦ f、s、t 为在 G72 程序段中，在顺序号为 ns 到 nf 的程序段中粗车时使用的 F、S、T 功能。

端面粗车复合循环指令 G72 的走刀轨迹如图 2-28 所示，它是从外径方向向轴心方向切削端面的粗车循环，该循环方式适用于长径比较小的盘类工件端面粗车。

使用端面粗车复合循环指令（G72）时的注意事项基本与 G71 的使用一致。

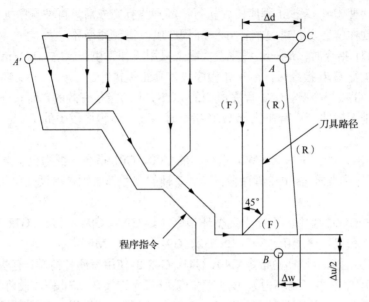

图 2-28   G72 指令走刀轨迹

（3）G70——精加工复合循环指令

指令格式：

```
G70  P(ns)  Q(nf)
```

指令说明：

① ns 为指定精加工路线的第一个程序段号。

② nf 为指定精加工路线的最后一个程序段号。在 ns～nf 程序段内的 F、S、T 功能有效。

当用 G71、G72、G73 指令粗加工完工件后，用 G70 指令来指定精车循环，切除粗加工余量。精加工复合循环指令 G70 的走刀轨迹如图 2-29 所示。

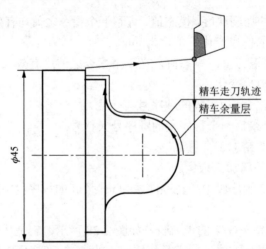

图 2-29   G70 指令走刀轨迹

在使用 G70 指令时，特别要注意的是，指令中关于 X 方向精车余量的值，应与车削外圆时相反，变成负值。如果没有及时改变，则会将孔在粗镗时就镗大尺寸。

注意：G70 指令执行前，刀具必须停在与 G71 指令执行前完全相同的位置，否则也会因运行轨迹错位而产生废品。

（4）G73——轮廓固定循环指令

指令格式：

```
G73 U(Δi)  W(Δk)  R(d);
G73 P(ns)  Q(nf)  U(Δu)  W(Δw)  F_  S_  T_;
```

指令说明：

① Δi 为 X 轴方向退刀量的大小和方向（半径量指定），该值是模态值。

② Δk 为 Z 轴方向退刀量的大小和方向，该值是模态值。

③ d 为分层次数（粗车重复加工次数）。

④ 其余参数同 G71 指令。

轮廓固定循环指令 G73 的走刀轨迹如图 2-30 所示。

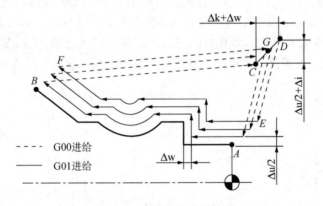

图 2-30　G73 指令走刀轨迹

本指令在使用时的注意事项与 G71 指令相同。本指令同样也是粗加工指令，在 G73 指令执行完成后也需要使用 G70 指令完成精加工。但在 G73 循环中要求 ns→nf 程序段的 X、Z 轴的尺寸不一定是单调变化（同时增大或减小）的，这与 G71 指令有区别。

（5）G75——径向（X 向）间断切削循环指令

G75 指令也被称为内孔、外圆沟槽复合循环指令，该指令可以实现内孔、外圆切槽的断屑加工。数控车床的工件做旋转运动，在径向（X 向）无法实现钻孔加工，但在切深槽过程中可以实现径向（X 向）间断切削，为排屑提供方便。这里只介绍 G75 指令用于外径沟槽加工。

指令格式：

```
G75  R(e);
G75  X(U)_  Z(W)_  P(Δi)  Q(Δk)  R(Δd)  F(f);
```

指令说明：

① e 为分层切削每次退刀量。该值是模态值，在下次指令之前均有效，由程序指令修

改，半径值，单位为 mm。

② X（U）为最大切深点的 X 轴绝对（增量）坐标。

③ Z（W）为最大切深点的 Z 轴绝对（增量）坐标。

④ Δi 为切槽过程中径向（X 向）的切入量，半径值，单位为 m。

⑤ Δk 为沿径向切完一个刀宽后退出，在 Z 向的移动量（无符号值），单位为 m，其值小于刀宽。

⑥ Δd 为刀具在槽底的退刀量，用正值指定，如果省略 Z（W）和 Δk，要指定退刀方向的符号。

⑦ f 为切槽时的进给量。

⑧ 式中 e 和 Δd 都用地址 R 指定，其意义由地址 Z（W）决定，如果指定了 Z（W），即为 Δd。

在编程时，AB 的值为槽宽减去切刀宽度的差值。在执行 G75 指令时，刀具的运行轨迹如图 2-31 所示。A 点坐标根据刀尖的位置和 W 的方向决定。在程序执行时，刀具快速到达 A 点，因此，A 点应在工件之外，以保证快速进给的安全。从 A 点到 C 点为切削进给，每次切深 Δi 便快速后退 e 值，以便断屑，最后到达槽底 C 点。在槽底，刀具要纵向移动 Δd，使槽底光滑，但要服从刀具结构，以免折断刀具。刀具退回 A 点后，按 Δk 移动一个新位置，再执行切深循环。Δk 要根据刀宽确定，直至达到整个槽宽。最后刀具从 B 点快速返回 A 点，整个循环结束。

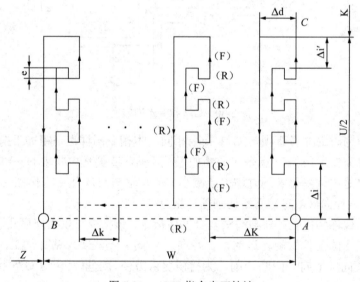

图 2-31   G75 指令走刀轨迹

（6）G76——螺纹复合循环指令

指令格式：

```
G76  Pmra  QΔdmin R(d);
G76  X(U)_  Z(W)_  Ri Pk QΔd F_;
```

指令说明：

① m 为精加工重复次数 01～99。

② r 为倒角量，即螺纹切削退尾处（45°）的 Z 向退刀距离。

③ a 为刀尖角度（螺纹牙型角）。

④ Δdmin 为最小切深，该值用不带小数点的半径量表示。

⑤ d 为精加工余量，该值用带小数点的半径量表示。

⑥ X（U）、Z（W）为螺纹切削终点处的坐标。

⑦ i 为螺纹半径差，如果 i=0，则进行圆柱螺纹切削。

⑧ k 为牙型编程高度，该值用不带小数点的半径量表示。

⑨ Δd 为第一刀切削深度，该值用不带小数点的半径量表示。

⑩ F 为导程，如果是单线螺纹，则该值为螺距。

螺纹复合循环指令 G76 的走刀轨迹如图 2-32（a）所示。

如图 2-32（b）所示为螺纹车刀在 X 方向并沿基本牙型一侧的平行方向进刀示意图。这种进刀方式保证了螺纹粗车过程中始终用一个刀刃进行切削，减小了切削阻力，提高了刀具寿命，为螺纹的精车质量提供了保证。

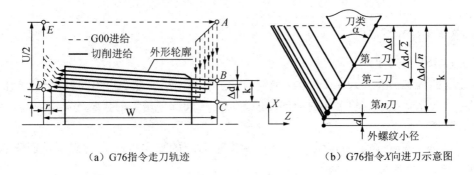

（a）G76指令走刀轨迹　　　　　　　　（b）G76指令X向进刀示意图

图 2-32　G76 指令说明

使用螺纹复合循环指令 G76 时的注意事项如下：

① G76 指令可以在手动输入程序（MDI）方式下使用。

② 在执行 G76 循环时，如果按循环暂停键，则刀具在螺纹切削后的程序段暂停。

③ G76 指令为非模态指令，必须每次指定。

④ 在执行 G76 指令时，若要进行手动操作，刀具应返回到循环操作停止的位置。如果没有返回到循环停止的位置就重新启动循环操作，手动操作的位移将叠加在该条程序段停止时的位置上，刀具轨迹就多移动了一个手动操作的位移量。

第四节　数控车床的操作

一、熟悉数控系统面板各按键的功能

FANUC 0i-Mate 数控系统的面板由数控系统操作面板和机床控制面板两部分组成，如图 2-33 所示。

图 2-33　FANUC 0i-Mate 数控系统面板（数控车床）

1. 数控系统操作面板

（1）显示屏（CRT）

显示屏的内容一般分为 3 个部分：顶端一行主要显示当前显示内容的名称和当前的程序名；底部一行主要显示与软键相对应的功能名称；中间部分是当前显示的具体内容。

（2）软键

软键是指功能不确定的按键，它的功能由相对应的显示屏下方的提示功能键决定。FANUC 系统一般提供 5 个软键。

FANUC 的软键功能采用分级分层管理的办法，按一个软键后会出现本功能的下一级的多个功能键，同级之间也有超过 5 个功能的按键。为了便于管理按键，在 5 个软键的前后各有一个扩展功能键。

▶ 表示在同一级功能键之间进行切换。

◀ 表示回到上一级功能菜单。

（3）键盘按键

FANUC 0i-Mate 数控系统 MDI 面板各功能键的名称与功能如表 2-7 所示。

表 2-7　FANUC 0i-Mate 数控系统 MDI 面板各功能键的名称与功能

类别	按键名称	按键	功能
输入	数字/字母键	O_P N_Q G_R 7_A 8_B 9_C X_U Y_V Z_W 4_I 5_ 6_SP M_I S_J T_K 1_ 2_ · F_L H_D EOB_E -_ ._ /	数字/字母键用于输入 NC 程序。通过 SHIFT 键切换输入，如 O—P、7—A
编辑	替换键	ALERT	用输入的数据替换光标所在的数据
编辑	删除键	DELETE	删除光标所在的数据；或者删除一个程序或删除全部程序
编辑	插入键	INSERT	把输入区中的数据插入到当前光标之后的位置

续表

类别	按键名称	按键	功能
编辑	取消键	CAN	删除输入区中的数据
	回车换行键	EOB	结束一行程序的输入并且换行，屏幕显示为";"
	输入	INPUT	把输入区中的数据输入参数页面
	上挡键	SHIFT	也称第二功能键
界面切换	程序显示与编辑界面键	PROG	按此键，进入程序显示与编辑界面。在编辑模式下，用于数控加工程序的编辑操作；在 MDI 模式下，用于输入并执行单段指令；在自动模式下，用于显示和调用程序进行自动加工
	位置显示界面键	POS	位置显示有 3 种方式，用 PAGE 键选择
	参数输入界面键	OFFSET SETTING	按第一次进入坐标系设置界面，按第二次进入刀具补偿参数界面。进入不同的界面后，用 PAGE 键切换
	系统参数界面键	SYSTEM	按此键，显示系统参数界面，用来显示数控系统各项参数
	信息页面，如"报警"键	MESSAGE	按此键，显示系统信息界面，用来显示系统的提示信息或报警信息
	图形参数设置界面键	CUSTOM GRAPH	按此键，显示图形参数设置或图形界面，可用于显示数控加工的刀具路径
	系统帮助界面键	HELP	打开数控系统的帮助功能，用来显示如何操作车床，可在数控车床发生报警时提供报警的详细信息
	复位键	RESET	当前状态解除、加工程序重新设置、车床紧急停止时使用此键
翻页	向上翻页键	PAGE↑	此键用于在屏幕上向前翻一页
	向下翻页键	PAGE↓	此键用于在屏幕上向后翻一页
光标移动	光标移动键	← ↑ ↓ →	控制显示屏幕中的光标向上、下、左、右四个方向移动

2. 数控车床控制面板

数控车床控制面板主要用于控制车床的运行状态，由模式选择按键、主轴控制按键、运行控制按键、手动和手脉控制按键等多个部分组成。各按键的名称与功能如表 2-8 所示。

表 2-8　数控车床控制面板各按键的名称与功能

类别	按键名称	按键图标	功能
模式选择	EDIT		编辑方式，主要在此方式下进行程序的创建、修改、删除、编辑等操作
	MDI		手动数据输入方式，即手动输入，手动执行程序，执行完程序并不保存在内存里
	AUTO		自动加工方式，在此方式下才能自动执行程序
	JOG		手动方式，在此方式下才能手动操作机床，如换刀、移动刀架等
	HND		手轮模式，在此方式下可通过手脉（手摇脉冲发生器）移动刀架

续表

类别	按键名称	按键图标	功能
模式选择	REF		回参考点方式，仅在此方式下可以使机床返回参考点
机床主轴手动控制	手动主轴正转		手动或手轮方式下，按此键，主轴正转
	手动主轴反转		手动或手轮方式下，按此键，主轴反转
	手动停止主轴		手动或手轮方式下，按此键，主轴停止
	手动点动		按此键，主轴转；松开此键，主轴停
	手动主轴加速		手动或手轮方式下，按此键，主轴加速
	手动主轴减速		手动或手轮方式下，按此键，主轴减速
手动移动机床	刀架移动方向键		此4个键代表手动方式下移动刀架的4个方向
	X向、Z向返回参考点键		这两个键表示机床在回参考点后指示灯会亮，提示正确回参考点
	快速按键		此键被按后，手动移动刀架的速度相当于G00的速度
	备用键	F1 F2	这两个键对于数控车床无用途，备用键
手脉方式下方向与倍率选择	X方向、Z方向移动键		这两个键用于在手脉方式下刀架移动方向的选择。一般先选择方向，再移动机床
	手轮进给倍率键	0.001 0.01 0.1 1 1% 25% 50% 100%	这4个键有两个功能：键面上一排数字用来控制手脉方式下移动机床的速度，表示手脉每摇一格，刀架移动的距离是0.001mm、0.01mm、0.1mm、1mm；键面下一排数字表示在手动方式时，在快速移动刀架的情况下，刀架的实际移动速度分别为G00的1%、25%、50%、100%
运行控制	紧急停止按钮		在特殊情况下按下此按钮，机床断电进行自我保护
	断电按钮		数控系统断电按钮
	加电按钮		数控系统加电按钮
	循环起动按钮		在自动或MDI方式下按此按钮，机床自动运行程序
	进给保持按钮		在程序自动运行的过程中，可随时让机床停止运行，保持现有状态
	进给率（F）调节开关		调节程序运行中的进给速度，调节范围为0～150%
	手摇脉冲发生器		在模拟系统中的具体操作是：把光标置于手轮上，选择轴向，按鼠标左键，移动鼠标，手轮顺时针转，相应轴往正方向移动；手轮逆时针转，相应轴往负方向移动
	机床锁开关键		按下此键后机床两轴向进给将不能执行，刀架不能移动，不影响其他操作，如程序运行、刀架换刀、主轴旋转等
	空运行键		按下此键后各轴以固定的速度（G00）运动

续表

类别	按键名称	按键图标	功能
运行控制	程序段跳步键		在自动方式下按下此键，跳过程序段开头带有"/"的程序
	单段键		按下此键后，每按一次程序启动键，依次执行当前程序的一条指令
	选择停键		此键激活后，在自动方式下，遇有 M00 指令，程序停止
	程序锁键		一旦锁定，程序不能被编辑
机床部件控制	上气开关键		按下此键后，机床各需气部件气压到位。没有用到气压的机床，此键无效
	气压尾座套筒进、退开关键		按下此键后，尾座套筒在气压的作用下会自动伸出，关闭后尾座套筒会自动缩回。无气压尾座套筒功能的机床，此键无效
	卡盘自动夹紧、松开的按键		无气动卡盘功能的机床，此键无效
	切削液开关键		在手动方式下按下此键，切削液开；再按一下，切削液关
	超程解除键		当机床某轴超程后，须先按住此键，再向反方向手动移动机床，解除超程。有些机床为了减少麻烦，将此键的功能屏蔽，超程后直接反向移动即可
	换刀键		手动方式下按一次此键，刀架换当前刀具的下一个刀位
	—		此屏显示的内容分两部分，前面的数字表示机床当前的主轴挡位号，一般显示为数字"3"，表示高速挡；后面的数字表示当前的刀位号

二、机床程序管理与编辑

1. 选择一个数控程序

将 MODE 旋钮置于 EDIT 挡或 AUTO 挡，在 MDI 键盘上按 PROG 键，进入编辑界面；按数字/字母键输入字母"O"，切换数字/字母键输入搜索的号码"XXXX"（搜索号码为数控程序目录中显示的程序号）；按方向键 ↓ 开始搜索。找到后，"OXXXX"显示在屏幕右上角程序号位置，NC 程序显示在屏幕上。

2. 删除一个数控程序

将 MODE 旋钮置于 EDIT 挡，在 MDI 键盘上按 PROG 键，进入编辑界面；按数字/字母键输入字母"O"，切换数字/字母键输入要删除的程序的号码"XXXX"；按 DELEET 键，程序即被删除。

3. 新建一个数控程序

将 MODE 旋钮置于 EDIT 挡，在 MDI 键盘上按 PROG 键，进入编辑界面；按数字/字母

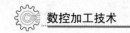

键输入字母"O",切换数字/字母键输入程序号。若所输入的程序号已存在,将此程序设置为当前程序,否则新建此程序。

注意:MDI 键盘上的数字/字母键,第一次按下时输入的是字母,以后再按下时均为数字。若要再次输入字母,须先将输入域中已有的内容显示在 CRT 上(按 INSERT 键,可将输入域中的内容显示在 CRT 上)。

4. 删除全部数控程序

将 MODE 旋钮置于 EDIT 挡,在 MDI 键盘上按 PROG 键,进入编辑界面;按数字/字母键输入字母"O""-""9999",按 DELETE 键删除程序。

5. 编辑一个数控程序

将 MODE 旋钮置于 EDIT 挡,在 MDI 键盘上按 PROG 键,进入编辑界面,选定一个数控程序后,此程序显示在 CRT 上,可对该程序进行编辑操作。

(1)移动光标。按 PAGE ⬇键或 PAGE ⬆键翻页,按 MDI 上的上、下、左、右键移动光标。

(2)插入字符。先将光标移到所需位置,按 MDI 键盘上的数字/字母键,将代码输入到输入域中;按 INSERT 键,把输入域的内容插入到光标所在代码后面。

(3)删除输入域中的数据。按 CAN 键删除输入域中光标所在位置前的数据。

(4)删除字符。先将光标移到所需删除字符的位置,按 DELETE 键,删除光标所在的代码。

(5)查找。输入需要搜索的字母或代码;按方向键⬇开始在当前数控程序中光标所在位置后搜索。代码可以是一个字母或一个完整的代码,如"N0010""M"等。如果此数控程序中有所搜索的代码,则光标停留在找到的代码处;如果此数控程序中光标所在位置后没有所搜索的代码,则光标停留在原处。

(6)替换。先将光标移到所需替换字符的位置,将替换后的字符通过 MDI 键盘输入到输入域中,按 ALERT 键,输入域的内容替代光标所在的代码。

三、程序的调试与仿真

程序输入结束后,为了检验程序的正确性,需要对程序进行仿真模拟加工。若发现问题,则及时改正,以达到调试与优化程序的目的。具体仿真模拟加工的步骤如下:

(1)在编辑方式下,将程序的光标移动至程序的开头,或者按复位键 RESET。

(2)将方式开关选择为自动加工方式。

(3)按下机床面板上的空运行键和机床锁开关键。

(4)将系统面板上的显示按键选择为图形参数设置界面,选择"参数"软键,在这个界面上调整好图形参数,选择"图形"软键,屏幕上会显示一个带有平面直角坐标系的画面。

(5)按机床面板上的循环起动按钮,自动运行程序。这时屏幕上会有刀具刀尖点移动的轨迹,观察轨迹来验证程序的正确性,程序如有错误会出现报警。

(6)一般在改正错误后,按复位键 RESET 消除报警。

第三章　数控铣削加工技术

第一节　认识数控铣床

一、数控铣床的组成

数控铣床由床身、工作台、立柱、主轴箱、三轴拖动、冷却系统、润滑系统、操作系统、防护等部分结构组成。数控铣床的主要内外结构如图3-1和图3-2所示。

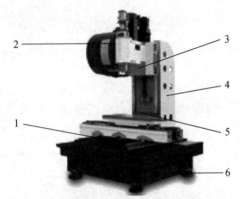

1—工作台；2—主轴及松夹刀装置；3—主轴箱；
4—立柱；5—拖动部件；6—床身

图 3-1　数控铣床的内部结构

1—冷却及排屑系统；2—防护系统；3—操作系统

图 3-2　数控铣床的外部结构

一般数控铣床采用立式柜架布局，立柱固定在床身上，主轴箱沿立柱上下移动（Z向），滑座沿床身纵向移动（Y向），工作台沿滑座横向移动（X向）。数控铣床总体上由以下几大部分组成。

1. 基础部分

基础部分由床身、立柱和工作台等部件组成，它们要承受各种载荷，因此，必须具有足够的刚度。

2. 主轴部分

主轴部分由主轴、主轴驱动电动机和主轴松夹刀装置组成。它是切削加工的功率输出部件。

3. 进给部分

进给部分由伺服电动机、机械传动装置和位移测量元件等组成。它驱动工作台等移动部件形成进给运动。

4. 控制系统

控制系统由 CNC 装置、可编程控制器、伺服驱动装置及操作面板组成。它是数控铣床完成所有动作的控制中心。

5. 辅助装置

辅助装置由润滑、冷却、排屑、防护系统和气源装置等部分组成。它是数控铣床完成加工不可或缺的一部分。

二、数控铣床的分类

1. 按主轴的布局形式分类

（1）立式数控铣床。立式数控铣床是数控铣床中数量最多的一种，其主轴轴线垂直于水平面，如图 3-3 所示。立式数控铣床通常采用三坐标或三坐标两联动加工（3 个坐标中的任意 2 个坐标联动加工）。

（2）卧式数控铣床。卧式数控铣床的主轴轴线平行于水平面，如图 3-4 所示。为了扩大加工范围，扩充功能，卧式数控铣床通常通过增加数控回转工作台来实现四坐标或五坐标加工。

图 3-3　立式数控铣床

图 3-4　卧式数控铣床

（3）立卧两用数控铣床。立卧两用数控铣床的主轴轴线方向可以变换，如图 3-5 所示。这种铣床既具备立式数控铣床的功能，又具备卧式数控铣床的功能，使用范围更加广泛，功能更加完善。

图 3-5　立卧两用数控铣床

2. 按采用的数控系统功能分类

（1）经济型数控铣床。经济型数控铣床一般可以实现三坐标联动。该类数控铣床成本较低，功能简单，精度不高，适合于一般零件的加工。

（2）全功能数控铣床。全功能数控铣床一般采用闭环或半闭环控制，数控系统功能完善，一般可以实现三坐标以上联动，如可加工螺旋槽、叶片等空间零件，加工适应性强，精度较高，应用广泛。

（3）高速铣削数控铣床。一般把主轴转速在 8000～40000r/min 的数控铣床称为高速铣削数控铣床，其进给速度可达 10～30m/min。这种数控铣床采用全新的机床结构、功能部件和功能强大的数控系统，并配以加工性能优越的刀具系统，可对曲面进行高效率、高质量的加工。

三、数控铣床的加工特点

（1）高柔性

数控铣床的最大特点是高柔性，即可变性。"柔性"即灵活、通用、万能，可以用于加工不同形状的工件。

数控铣床一般能完成钻孔、镗孔、铰孔、铣平面、铣斜面、铣槽、铣曲面、攻螺纹等加工，而且一般情况下，可以在一次装夹中完成所需的加工工序。

（2）高适应性

在机械加工中，经常遇到各种平面轮廓和立体轮廓的零件，如凸轮、模具、叶片、螺旋桨等。其母线形状除直线和圆弧外，还有各种曲线，如以数学方程式表示的抛物线、双曲线、阿基米德螺线等曲线和以离散点表示的列表曲线，而其空间曲面可以是解析曲面，也可以是以列表点表示的自由曲面。由于各种零件的形面复杂，需要多坐标联动加工，用普通机床手工操作基本上不可能生产出合格产品，因此，采用数控铣床加工的优越性就特别显著。

（3）高精度

目前，数控装置的脉冲当量（即一个脉冲对应滑板的移动量）一般为 0.001mm/脉冲，高精度的数控系统可达 0.0001mm/脉冲。因此，一般情况下，绝对能保证工件的加工精度。另外，数控加工还可避免工人操作所引起的误差，一批加工零件的尺寸同一性特别好，产品质量能得到保证。

（4）高效率

数控机床的高效率主要由数控机床的高柔性带来。例如数控铣床，一般不需要使用专用夹具和工艺装备。在更换工件时，只需调用存储于计算机中的加工程序、装夹工件和调整刀具数据即可，可大大缩短生产周期。更主要的是数控铣床的万能性带来高效率，如数控铣床一般都具有铣床、镗床和钻床的功能，工序高度集中，提高了劳动生产率，并减少了工件的装夹误差。

另外，数控铣床的主轴转速和进给量都是无级变速的，因此有利于选择最佳切削用量。数控铣床都有快进、快退、快速定位功能，可大大减少机动时间。

据统计，采用数控铣床比普通铣床可提高生产率 3～5 倍。对于复杂的成形面加工，生

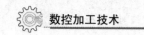

产率可提高十几倍，甚至几十倍。

（5）半封闭或全封闭式防护

经济型数控铣床多采用半封闭式；全功能型数控铣床会采用全封闭式防护，防止冷却液、切屑溅出，保证安全。

（6）主轴无级变速且变速范围宽

主传动系统采用伺服电动机（高速时采用无传动方式——电主轴）实现无级变速，且调速范围较宽，这既保证了良好的加工适应性，同时也为小直径铣刀工作形成了必要的切削速度。

（7）采用手动换刀，刀具装夹方便

数控铣床没有配备刀库，采用手动换刀，刀具安装方便。

（8）一般为三坐标联动

数控铣床多为三坐标（即 X，Y，Z 三个直线运动坐标）、三轴联动的机床，以完成平面轮廓及曲面的加工。

（9）大大减轻操作者的劳动强度

数控铣床对零件的加工，是按事先编好的程序自动完成的。操作者除操作键盘、装卸工件、中间测量及观察机床运行外，不需要进行频繁的重复性手工操作，可大大减轻劳动强度。

（10）应用广泛

与数控车削相比，数控铣床有着更为广泛的应用范围，能够进行外形轮廓铣削、平面或曲面形腔铣削及三维复杂形面的铣削，如各种凸轮、模具等；若再添加圆工作台等附件（此时变为四坐标），则应用范围将更广，可用于加工螺旋桨、叶片等空间曲面零件。此外，随着高速铣削技术的发展，数控铣床可以加工形状更为复杂的零件，精度也更高。

四、数控铣床安全操作规程

数控铣床安全操作规程的具体内容可参考第二章第一节的"四、数控车床安全操作规程"。

第二节　数控铣加工工艺基础

一、数控铣削加工工艺的内容

数控铣削加工工艺主要包括的内容：

（1）选择适合在数控铣床上加工的零件，确定工序内容；

（2）分析被加工零件的图样，明确加工内容及技术要求；

（3）确定零件的加工方案，制定数控加工工艺路线，如划分工序、安排加工顺序、处理与非数控加工工序的衔接等；

（4）设计加工工序，如选取零件的定位基准、确定夹具方案、划分工步、选择刀具和确定切削用量等；

（5）调整数控加工程序，如选取对刀点和换刀点、确定刀具补偿及确定加工路线等。

二、数控铣削加工工艺的制定

1. 零件图样分析

（1）尺寸标注分析。数控加工的精度和重复精度都很高，零件图样应尽量采用同一基准标注或直接给出坐标尺寸，以方便编程，并使编程原点与设计基准统一。对于用极限偏差标注的尺寸，为保证零件的加工精度，编程时应将尺寸改为对称公差标注，编程尺寸取尺寸的公差中值。

（2）轮廓几何元素完整性和正确性分析。对构成零件轮廓的几何元素的条件是否充分，以及各几何元素的相互关系（如相切、相交、垂直、平行等）是否完整等进行分析。

（3）技术要求分析。零件的形状公差一般由机床精度保证。位置公差则分两种情况：在一次装夹中加工的各表面的位置公差由机床精度保证；在多次装夹加工时，后一次装夹的加工表面对已加工表面的位置精度，由后一次装夹的定位（找正）精度决定，这时，位置公差是选择装夹方式的重要依据。

2. 零件结构工艺性分析

零件结构工艺性分析主要考虑保证加工精度、提高切削效率、减少刀具数量等问题。

3. 毛坯工艺性分析

由于数控铣削加工过程的自动化，因此，余量大小、零件装夹等问题必须在毛坯设计阶段就考虑清楚。毛坯工艺性分析的主要内容有以下几点：

（1）分析毛坯的装夹适应性。毛坯在加工时应方便装夹，定位可靠，其外形形状、尺寸大小及预加工状态等，是确定装夹定位的重要依据。

（2）分析毛坯的加工余量大小和均匀程度。主要考虑在加工过程中是否需要分层切削，如果需要分层，需分几层切削等。对于在加工中或加工后容易变形的毛坯，还应考虑预防变形的措施。

三、数控铣削加工工艺路线的拟定

零件的数控铣削加工工艺路线，是对几道数控加工工序内容和顺序的概括，而非从毛坯到成品的整个工艺过程。在数控铣削加工工艺路线设计中，应充分考虑要与整个工艺过程相协调。

1. 加工工序的划分

根据数控铣削加工的特点，加工工序的划分方法主要有以下几种：

（1）以加工表面特性划分。将零件按加工表面特性划分为内腔、外形、平面、曲面等若干部分，每一特性表面的加工划分为一道工序。

（2）按装夹次数划分。零件需多次装夹完成加工，可将同次装夹中加工的内容划分为一道工序。

（3）按刀具类型划分。零件的加工内容较多，需要多种刀具加工时，可将同一把刀具能够完成的加工内容划分为一道工序，本工序加工完毕后，再换刀加工其他部位，以减少换刀次数。

（4）按粗、精加工划分。对加工中易发生变形的零件，粗、精加工工序应分开。

2. 工序顺序安排

工序顺序安排是对划分的各道工序安排加工的先后次序，一般应遵循以下原则：

（1）注意工序间的衔接。上道工序的加工不能影响下道工序的定位与夹紧，尤其要注意数控加工工序与普通机床加工工序之间的衔接。

（2）先内后外。零件既有内形内腔加工，又有外形加工时，应先进行内形内腔的加工，后安排外形加工工序。

（3）减少装夹和换刀次数。以相同的定位或夹紧方式，或者用同一把刀具加工的工序，最好连续进行，以减少重复定位次数、换刀次数和压紧元件的挪动次数。

（4）保证工件刚性。在同一次装夹的多道工序，应先安排对工件刚性破坏较小的工序。

四、数控铣削加工的装夹与定位

1. 数控铣削加工对工件装夹的要求

在确定工件装夹方案时，要根据工件上已选定的定位基准，确定工件的定位夹紧方式，并选择合适的夹具。此时，主要考虑以下几点：

（1）夹具的结构及其有关原件不得影响刀具的进给运动。工件的加工部位要敞开，加工表面必须充分暴露在外，不能因装夹工件而影响进给和切削加工。夹紧元件与加工表面间要保持一定的安全距离。各夹紧元件应尽可能低，以防铣夹头或主轴套筒在加工过程中与其相碰撞。

（2）必须保证最小的夹紧变形。夹具的刚性和稳定性要好，尽量不采用更换夹板（夹紧点）的设计。若必须更换，应保证不破坏工件的定位。如果需要的夹紧力大，则要防止工件夹压变形而影响加工精度。因此，必须慎重选择夹具的支承点和夹紧力作用点。应使夹紧力作用点通过或靠近支承点，避免把夹紧力作用在工件的中空区域。

（3）要求夹具装卸工件方便，辅助时间尽量短。由于加工中心加工效率高，装夹工件的辅助时间对加工效率影响较大，因此，要求配套夹具装卸工件时间短，而且定位可靠。夹具应尽可能使用气动、液压、电动等自动夹紧装置实现快速夹紧，以缩短辅助时间。

（4）考虑多件夹紧。对小型工件或加工时间较短的工件，可以考虑在工作台上多件夹紧，或者多工位加工，以提高加工效率。

（5）夹具结构力求简单。由于在加工中心上加工工件大多采用工序集中的原则，工件的加工部位较多，而批量较小，夹具的标准化、通用化和自动化对加工效率的提高及加工费用的降低有很大影响。因此，对批量小的零件应优先选用组合夹具。对形状简单的单件小批生产的零件，可选用通用夹具，如自定心卡盘、机用虎钳等。只有对批量较大、周期性投产、加工精度要求较高的关键工序才设计专用夹具，以保证加工精度和提高生产效率。

（6）夹具应便于在机床工作台上装夹。夹具安装应保证工件的方位与工件坐标系一致，还要能协调零件定位面与数控铣床之间保持一定的坐标联系。数控机床矩形工作台面上一般都有基准 T 形槽，转台中心有定位圈，工作台面侧面有基准挡板等定位元件，可用于夹具在机床上的定位。夹具在机床上的固定方式一般用 T 形槽定位键或直接找正定位，用 T 形螺钉和压板夹紧。夹具上用于紧固的孔和槽的位置必须与工作台的 T 形槽和孔的位置相对应。

（7）程序原点可以设置在夹具上。对于工件基准点不方便测定的工件，可以不用工件基准点作为编程原点，而在夹具上设置找正面，以该找正面为编程原点，把编程原点设置在夹具上。

2. 数控铣削加工的装夹方法

（1）用机用虎钳装夹零件

机用虎钳是铣床上常用的装夹工件的附件。铣削零件的平面、台阶、斜面和轴类零件的键槽等，都可用机用虎钳装夹工件。用机用虎钳装夹零件的方法如下：

1）利用百分表或划针找正钳口。

① 用磁力表座将百分表吸附在主轴端面上，用测量头接触机用虎钳的固定钳口。

② 手动移动纵向工作台或横向工作台，调整机用虎钳的位置使百分表指针的摆差在允许范围内。对钳口方向的准确度要求不是很高时，可以用划针代替百分表找正。

2）利用定位键安装机用虎钳。机用虎钳底面的两端部位都有键槽，利用定位键连接机用虎钳和机床工作台。

3）把工件装夹在机用虎钳内。

① 毛坯表面若是粗糙不平或有硬皮，必须在两钳口上垫纯铜皮，将表面粗糙度值小的侧面垫薄铜皮放在机用虎钳内。

② 选择合适厚度的底部垫铁垫在工件下面，使工件加工面高出钳口。高出的尺寸以能把加工余量全部切完而不至于切到钳口为宜。

③ 对于两个夹持侧面不平行的工件，不能直接用机用虎钳夹持，可在机用虎钳内加一对弧形垫铁。

（2）用压板装夹零件

压板装夹使用的工具有压板、垫铁、T 形螺栓（配套螺母）、定位块等。用压板装夹零件的方法如下：

① 压板位置安排合适，要压在工件刚性最好的地方，夹持力大小合适，否则刚性差的地方容易变形。

② 垫铁放在压板下，高度与工件相同或高于工件，否则会影响压紧的效果。若底面与基准面垂直，则不需要找正。若底面与基准面不垂直，需要垫准或把底面重新垫准。垫准时，需采用直角尺对基准面做检查。精度要求较高时，可用百分表接触工件的基准面，把基准面找正，方法同找正机用虎钳的固定钳口。

③ 压板螺栓必须尽量靠近工件，并且螺栓靠近工件的距离要小于螺栓到垫铁的距离，以增加压紧力。

④ 在工件的光洁表面与压板之间必须放置垫铁（如铜片），避免光洁表面受压后损伤。

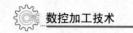

对于有台阶面的工件，压板直接压在台阶面上，使基准面与工件台阶面贴合。装夹无台阶面的工件时，找正位置，采用定位键定位，压板压紧。

（3）其他装夹方法

① 以直角铁装夹铣削平面。对于基准面比较宽而加工面比较窄的工件，铣削垂直面时，可采用直角铁来装夹，如图 3-6 所示。

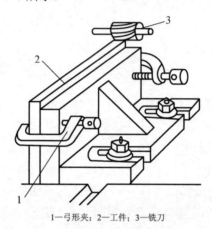

1—弓形夹；2—工件；3—铣刀

图 3-6　直角铁装夹

② 用 V 形块装夹铣削键槽。把圆柱形工件放在 V 形块内，采用压板紧固的方法来铣削键槽。对于 $\phi 20 \sim 60 \text{mm}$ 的长轴，可直接装夹在工作台的 T 形槽上，此时，T 形槽起到了 V 形块的作用。

③ 用轴用台虎钳装夹铣削键槽。用轴用台虎钳装夹轴类零件，具有用机用虎钳装夹和 V 形块装夹的优点，如图 3-7（a）所示；对于加工结构尺寸不大的圆形表面，可以利用自定心卡盘进行装夹，如图 3-7（b）所示。

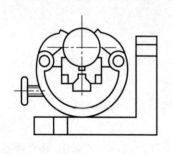
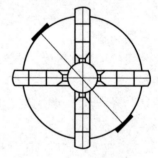

（a）轴用台虎钳装夹轴类零件　　　　　　（b）自定心卡盘装夹轴类零件

图 3-7　轴类零件的两种装夹

④ 定中心装夹铣削键槽。用自定心卡盘、两顶尖等方法装夹轴类零件，此类装夹方法需考虑分度头装置。

⑤ 自定心虎钳装夹。采用此方法，轴线位置不受轴径变化的影响，因为两钳口处安放有 V 形块，所以两钳口都是活动的，精确度不是很高，如图 3-8 所示。

图 3-8　自定心虎钳装夹

五、数控铣削刀具的选择

数控铣床与加工中心使用的刀具种类很多，主要分铣削刀具和孔加工刀具两大类。为了适应数控机床高速、高效和自动化程度高的特点，所用刀具正朝着标准化、通用化和模块化的方向发展。同时，为满足特殊的铣削要求，又发展了各种特殊用途的专用刀具。

1. 数控加工常用铣刀

（1）面铣刀

面铣刀如图 3-9 所示，主要用于加工较大的平面。面铣刀的圆周表面和端面上都有切削刃，圆周表面上的切削刃为主切削刃，端部切削刃为副切削刃。面铣刀适用于加工平面，尤其适合加工大面积平面。面铣刀多制成套式镶齿结构，刀齿为高速钢或硬质合金钢，刀体为 40Cr。按国家标准规定，高速钢面铣刀的直径 d=80～250mm，螺旋角 β=10°，刀齿数 z=10～26。

硬质合金面铣刀与高速钢面铣刀相比，铣削速度较高，加工效率高，加工表面质量也较好，并可加工带有硬皮和淬硬层的工件，故得到广泛的应用。

图 3-9　面铣刀

（2）立铣刀

立铣刀是数控铣床上应用较多的一种铣刀，如图 3-10（a）所示为平底立铣刀，如图 3-10（b）所示为球头立铣刀。普通立铣刀端面中心处无切削刃，因此立铣刀不能做轴向进给，侧面的螺旋齿主要起侧面切削的作用，端面刃主要用来加工与侧面相垂直的底平面。

① 整体式立铣刀。直径较小的立铣刀一般制成带柄形式，称为整体式立铣刀。ϕ2～7mm 的立铣刀制成直柄；ϕ6～63mm 的立铣刀制成莫式锥柄；ϕ25～80mm 的立铣刀制成 7：24 的锥柄，内有螺孔用来拉紧刀具；ϕ40（不含）～60mm 的立铣刀可做成套式结构。如图 3-10

所示为整体式立铣刀。

（a）平底立铣刀　　　　　　　　　　　　　　（b）球头立铣刀

图 3-10　整体式立铣刀

② 可转位立铣刀。可转位立铣刀的柄部有直柄、削平型直柄和莫式锥柄 3 种。铣刀工作部分用高速钢或硬质合金制造。小规格的硬质合金模具铣刀多制成整体结构，ϕ6mm 以上直径的铣刀制成机夹可转位刀片结构。如图 3-11（a）所示是球头可转位立铣刀，如图 3-11（b）所示是平底可转位立铣刀。

（a）球头可转位立铣刀　　　　　　　　　　　（b）平底可转位立铣刀

图 3-11　可转位立铣刀

③ 键槽铣刀。键槽铣刀有两个刀齿，圆柱面和端面都有切削刃，端面刃延至中心，既像立铣刀，又像钻头。加工时先轴向进给达到键槽深度，然后沿键槽方向铣出键槽全长。如图 3-12 所示为键槽铣刀。

（3）孔加工刀具

① 钻铰孔刀具。如图 3-13 所示为钻铰孔刀具。

图 3-12　键槽铣刀　　　　　　　　　　　图 3-13　钻铰孔刀具

② 孔加工刀具还有整体式镗刀、小孔径微调精镗刀、大直径镗刀、双刃镗刀块和模块式精镗刀头等。

2. 刀具的选择

（1）对刀具的基本要求

① 刚性要好。一是为提高生产效率而采用大切削用量的需要；二是为适应数控铣床加工过程中切削用量难以调整的特点。

② 耐用度要高。当一把铣刀加工的内容很多时，如果刀具不耐用且磨损很快，就会影响工件的表面质量与加工精度，而且会增加换刀引起的调刀与对刀次数，也会使工件表面留下因对刀误差而形成的接刀台阶，降低了工件的表面质量。

除上述两点外，铣刀切削刃的几何角度参数的选择与排屑性能也很重要，切削黏刀形成积屑瘤在数控加工中也是十分忌讳的。总之，根据被加工工件材料的热处理状态、切削性能及加工余量选择刚性好、耐用度高的铣刀，是充分发挥数控铣床的生产效率和获得满意的加工质量的前提。

（2）铣削刀具的选择

选择刀具时，要使刀具的尺寸与被加工工件的表面尺寸和形状相适应。生产中，平面零件周边轮廓的加工常选用立铣刀；铣削平面时，应选用硬质合金面铣刀；加工凸台、凹槽时，选用高速钢立铣刀；加工毛坯表面或粗加工孔时，可选用镶硬质合金的玉米铣刀。

立铣刀尺寸一般按下列经验数据选取。

① 刀具半径 R 应小于零件内轮廓面的最小曲率半径 ρ，一般取 $R=（0.8\sim0.9）\rho$。

② 零件的加工高度 $H\leqslant（1/4\sim1/6）R$，以保证刀具具有足够的刚度。

③ 对于不通孔（深槽），选取 $l=H+（5\sim10）mm$（l 为刀具切削部分长度，H 为零件高度）。

④ 加工外形及通槽时，选取 $l=H+r+（5\sim10）mm$（r 为刀尖半径）。

⑤ 粗加工内轮廓面时，铣刀最大直径 D_1 可按下式计算：

$$D_1 = \frac{2\left[\delta\sin(\phi/2)-\delta_1\right]}{1-\sin(\phi/2)}+D$$

式中，D——轮廓的最小凹圆角直径（mm）；

δ——圆角邻边夹角等分线上的精加工余量（mm）；

δ_1——精加工余量（mm）；

ϕ——圆角两邻边的夹角（°）。

6）加工肋板时，刀具直径为 $D=(5\sim10)b$，其中 b 为肋板的厚度。

3. 装刀与对刀

（1）铣刀的装夹步骤

① 将刀柄放在卸刀座中卡紧。

② 选择与刀具尺寸相适应的卡套，清洁卡套与刀具配合的表面。

③ 将卡套装入锁紧螺母。

④ 将卡套装入刀柄，将立铣刀装入卡套孔中。

⑤ 顺时针锁紧螺母，更换不同的卡套可夹持不同尺寸的立铣刀。

（2）试切对刀

1）Z 向对刀。在手轮或手动方式下，自上而下沿 Z 向靠近工件上表面，听到切削刃与工件表面的摩擦声（但无切削）时，立即停止进给。在如图 3-14（a）所示界面中输入"Z0"，再按"测量"软键，如图 3-14（b）所示，则系统自动将当前的机床 Z 坐标值输入 G54 对应位置。

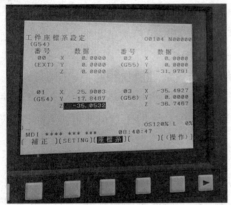
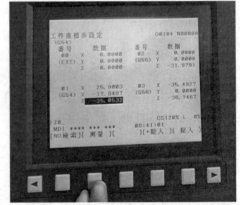

（a）工件坐标系 Z 向设定界面　　　　　　　　　（b）工件坐标系 Z 向设定方法

图 3-14　对刀时 G54 的设置界面

2）X、Y 向对刀。如果工件精度不高，为方便操作，可用加工时所用的刀具进行试切对刀。

① 在手轮方式或手动方式下，使刀具移动到工件左侧，听到切削刃与工件表面的摩擦声（但无切削）时，按操作面板上的 POS 键，按"相对"软键，输入 X，再按"起源"软键，此时面板上 X 值为 0，如图 3-15 所示。

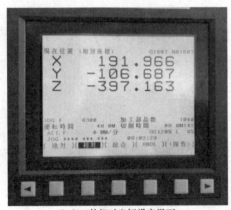
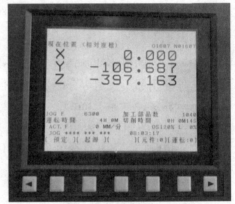

（a）工件相对坐标设定界面　　　　　　　　　（b）工件 X 向相对坐标设为 0 的界面

图 3-15　X 向机械坐标值

② 将刀具沿-X 向移动，再沿+Z 向移动，超过工件表面，再沿+X 向移动到工件右侧面，再沿-Z 向移动至工件上表面的下方。

③ 将刀具沿-X 向移动，使刀具靠近工件右侧面，读取此时面板上的 X 值，计算 X/2 的值。

④ 此时在图 3-所示界面中，将光标移动到 G54 对应的 X 位置，并在下方输入"X_(计算 $X/2$ 的值)"，再按"测量"软键，则 X 向对刀完毕。

⑤ 利用上述同样的方法可进行 Y 向对刀。

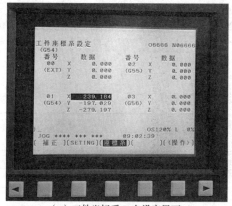 

（a）工件坐标系 X 向设定界面 （b）工件坐标系 Z 向设定方法

图 3-16 X 向对刀数值输入界面

六、数控铣削切削用量的选择

铣削加工的切削用量包括背吃刀量、进给速度和铣削速度。从刀具寿命的角度考虑，切削用量选择的次序是：根据侧吃刀量 a_e 先选较大的背吃刀量 a_p（图 3-17），再选择进给速度 v_f，最后确定较大的铣削速度 v_c（转换为主轴转速 n）。

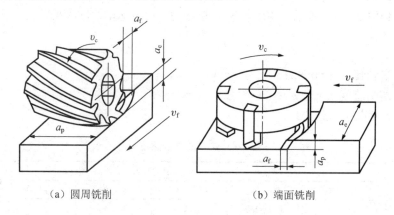

（a）圆周铣削 （b）端面铣削

图 3-17 铣刀的侧吃刀量 a_e 和背吃刀量 a_p

1. 背吃刀量 a_p 的选择

当侧吃刀量 $a_e<d/2$（d 为铣刀直径）时，取 $a_p=(1/3\sim1/2)d$；当 $d/2\leqslant a_e<d$ 时，取 $a_p=(1/4\sim1/3)d$；当 $a_e=d$（即满刀切削）时，取 $a_p=(1/5\sim1/4)d$。

当机床的刚性较好，且刀具的直径较大时，a_p 可取得更大。

2. 进给速度 v_f 的选择

粗铣时铣削力大，根据刀具形状、材料及被加工工件材质的不同，在强度、刚度许可的条件下，进给速度应尽量取大些；精铣时，为了减小工艺系统的弹性变形，减小已加工表面的表面粗糙度值，一般采用较小的进给速度，如表 3-1 所示。进给速度 v_f（单位为 mm/min）或进给量 f（单位为 mm/r）与铣刀每齿进给量 f_z（单位为 mm/z）、铣刀齿数 z 及主轴转速 n（单位为 r/min）的关系为 $f=f_z z$ 或 $v_f=fn$。

表 3-1　铣刀每齿进给量 f_z 推荐值　　　　　　　　　　　　单位：mm/z

工件材料	工件材料硬度（HBW）	硬质合金		高速钢	
		面铣刀	立铣刀	面铣刀	立铣刀
低碳钢	150~200	0.2~0.35	0.07~0.12	0.15~0.3	0.03~0.18
中、高碳钢	220~300	0.12~0.25	0.07~0.1	0.1~0.2	0.03~0.15
灰铸铁	180~220	0.2~0.4	0.1~0.16	0.15~0.3	0.05~0.15
可锻铸铁	240~280	0.1~0.3	0.06~0.09	0.1~0.2	0.02~0.08
合金钢	220~280	0.1~0.3	0.05~0.08	0.12~0.2	0.03~0.08
工具钢	36HRC	0.12~0.25	0.04~0.08	0.07~0.12	0.03~0.08
铝镁合金	95~100	0.15~0.38	0.08~0.14	0.2~0.3	0.05~0.15

3. 铣削速度 v_c 的选择

在背吃刀量和进给量选好后，应在保证合理的刀具寿命、机床功率等因素的前提下确定铣削速度，具体如表 3-2 所示。主轴转速 n 与铣削速度 v_c 及铣刀直径 d 的关系为

$$n = \frac{1000v_c}{\pi d}$$

式中，n——主轴转速（r/min）；

v_c——切削速度（m/min）；

d——铣刀直径（mm）。

表 3-2　铣刀的铣削速度 v_c　　　　　　　　　　　　　单位：m/min

工件材料	铣刀材料					
	碳素钢	高速钢	超高速钢	合金钢	碳化钛	碳化钨
铝合金	75~150	180~300	—	240~460	—	300~600
镁合金	—	180~270	—	—	—	150~600
钼合金	—	45~100	—	—	—	120~190
黄铜（软）	12~25	20~25	—	45~75	—	100~180
黄铜	10~20	20~40	—	30~50	—	60~130
灰铸铁（硬）	—	10~15	10~20	18~28	—	45~60
冷硬铸铁	—	—	10~15	12~18	—	30~60
可锻铸铁	10~15	20~30	25~40	35~45	—	75~110
钢（低碳）	10~14	18~28	20~30	—	45~70	—
钢（中碳）	10~15	15~25	18~28	—	40~60	—

续表

工件材料	铣刀材料					
	碳素钢	高速钢	超高速钢	合金钢	碳化钛	碳化钨
钢（高碳）	—	10～15	12～20	—	30～45	—
合金钢	—	—	—	—	35～80	—
合金钢（硬）	—	—	—	—	30～60	—
高速钢	—	—	12～25	—	45～70	—

七、典型零件的数控铣削工艺分析

下面以如图 3-18 所示的盖板零件为例，进行数控铣削工艺分析。预加工盖板外轮廓毛坯材料为铝板，尺寸如图 3-19 所示。

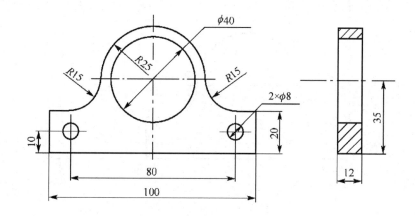

图 3-18　盖板零件

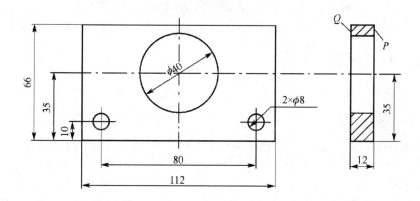

图 3-19　盖板毛坯

（1）分析盖板零件图可知，$\phi40\text{mm}$ 的孔是设计基准，因此考虑以 $\phi40\text{mm}$ 的孔和 Q 面找正定位，夹紧力加在 P 面上。

（2）根据毛坯板料较薄、尺寸精度要求不高等特点，拟采用粗、精两刀完成零件的轮廓加工。粗加工直接在毛坯件上按照计算出的基点走刀，并利用数控系统的刀具半径补偿功能将精加工余量留出。精加工余量为 0.2mm。

（3）由于毛坯材料为铝板，不宜采用硬质合金刀具，选择 ϕ12mm 普通高速钢立铣刀进行加工。为了避免停车换刀，考虑粗、精加工采用同一把刀具。

（4）安全面高度为 10mm。

（5）基点坐标计算。如图 3-20 所示，零件轮廓线由 3 段圆弧和 5 段直线连接而成。由图可见，基点坐标计算比较简单。选择 A 为原点，建立零件坐标系，并在此坐标系内计算各基点的坐标。

（6）加工路线的确定。为了得到比较光滑的零件轮廓，同时使编程简单，考虑粗加工和精加工均采用顺铣方法规划走刀路线，即按 $A \rightarrow B \rightarrow C \rightarrow D \rightarrow E \rightarrow F \rightarrow G \rightarrow H \rightarrow A$ 切削。

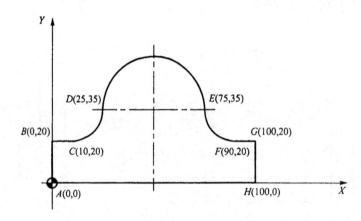

图 3-20　基点坐标计算

第三节　数控铣削编程基础知识

一、数控铣削编程概述

1. 加工程序的一般格式

（1）程序开始符、结束符

程序开始符、结束符是同一个字符。ISO 代码中是%，EIA 代码中是 EP。书写时要单列一段。

（2）程序名

程序名有两种形式：一种是由英文字母 O 和 1～4 位正整数组成的；另一种是由英文字母开头，字母和数字混合组成的。一般要求单列一段。

（3）程序主体

程序主体是由若干个程序段组成的。每个程序段一般占一行。

（4）程序结束指令

程序结束指令可以用 M02 或 M30。一般要求单列一段。

```
%                                      // 开始符
O1000;                                 // 程序名
N10 G00 G54 X50 Y30 M03 S3000;
N20 G01 X88.1 Y30.2 F500 T02 M08;      // 程序主体
N30 X90;
N300 M30;
%                                      // 结束符
```

2. 程序段格式

一个程序由若干个程序段构成，而一个程序段由若干个字构成，字由地址符加阿拉伯数字构成，地址符用拉丁字母表示，字是构成程序的最小组成单元。程序段一般采用可变地址程序段格式，即在同一个程序段中字的排列无严格的顺序要求。字-地址可变程序段格式的编排顺序通常如下：

```
N__  G___  X__  Y__  F__  S__  T__  M__;
```

3. 字的类型

一个程序段由若干个字构成，字的类型主要有以下 7 种。

（1）顺序号字 N

顺序号又称程序段号或程序段序号。顺序号位于程序段之首，由顺序号字 N 和后续数字组成。顺序号字 N 是地址符，后续数字一般为 1～4 位的正整数。数控加工中的顺序号实际上是程序段的名称，与程序执行的先后次序无关。数控系统不是按顺序号的次序来执行程序，而是按照程序段编写时的排列顺序逐段执行。

顺序号的作用：对程序的校对和检索修改；作为条件转向的目标，即作为转向目的程序段的名称。有顺序号的程序段可以进行复归操作，这是指加工可以从程序的中间开始，或回到程序中断处开始。

一般使用方法：编程时将第一程序段冠以 N10，以后以间隔 10 递增的方法设置顺序号，这样，在调试程序时，如果需要在 N10 和 N20 之间插入程序段，则可以使用 N11、N12 等。

（2）准备功能字 G

准备功能字的地址符是 G，又称为 G 功能或 G 指令，是用于建立机床或控制系统工作方式的一种指令，后续数字一般为两位正整数。G 指令分模态指令和非模态指令。模态指令是指程序段中一旦指定了该指令，在此之后的程序段中一直有效，直到有同组指令替代它或撤销它为止。非模态指令只在本程序段中有效。

（3）尺寸字

尺寸字用于确定机床上刀具运动终点的坐标位置。

其中，第一组 X、Y、Z、U、V、W、P、Q、R 用于确定终点的直线坐标尺寸；第二组 A、B、C、D、E 用于确定终点的角度坐标尺寸；第三组 I、J、K 用于确定圆弧轮廓的圆心坐标尺寸。在一些数控系统中，还可以用 P 指令暂停时间、用 R 指令指定圆弧的半径等。

多数数控系统可以用准备功能字来选择坐标尺寸的制式，如 FANUC 诸系统可用

G21/G22 来选择公制单位或英制单位，也有些系统用系统参数来设定尺寸制式。采用米制时，一般单位为 mm，如 X100 指令的坐标单位为 100mm。当然，一些数控系统可通过参数来选择不同的尺寸单位。

（4）进给功能字 F

进给功能字的地址符是 F，又称为 F 功能或 F 指令，用于指定切削的进给速度。对于铣床，F 可分为每分钟进给和主轴每转进给两种，对于其他数控机床，一般只用每分钟进给。F 指令在螺纹切削程序段中常用来指定螺纹的导程。

（5）主轴转速功能字 S

主轴转速功能字的地址符是 S，又称为 S 功能或 S 指令，用于指定主轴转速。单位为 r/min。对于具有恒线速度功能的数控铣床，程序中的 S 指令用来指定铣削加工的线速度数。

（6）刀具功能字 T

刀具功能字的地址符是 T，又称为 T 功能或 T 指令，用于指定加工时所用刀具的编号。对于数控铣床，其后的数字还兼作指定刀具长度补偿和刀尖半径补偿用。

（7）辅助功能字 M

辅助功能字的地址符是 M，后续数字一般为 1～3 位正整数，又称为 M 功能或 M 指令，用于指定数控机床辅助装置的开关动作。

（8）程序段结束符

写在每一个程序段末尾，表示程序段结束。书面和显式表达一般用 ";"，数控机床操作面板上用 "EOB" 代替 ";"。

二、数控铣床的坐标系统

数控铣床的坐标系统的具体内容参考第一章第四节的 "三、数控机床坐标系"。

三、数控铣削常用编程指令

1. 刀具补偿功能指令

（1）刀具补偿功能的概念

在数控编程过程中，一般不考虑刀具的长度与半径，只考虑刀位点与编程轨迹重合。但在实际加工过程中，由于刀具半径与刀具长度各不相同，在加工中势必造成很大的加工误差。因此，实际加工时必须通过刀具补偿指令，使数控机床根据实际使用的刀具尺寸，自动调整各坐标轴的移动量，确保实际加工轮廓和编程轨迹完全一致。数控机床的这种根据刀具尺寸，自动改变坐标轴位置，使实际加工轮廓和编程轨迹完全一致的功能，称为刀具补偿功能。

数控铣床的刀具补偿功能分为刀具半径补偿功能和刀具长度补偿功能。

（2）刀具半径补偿

1）刀具半径补偿定义。

在编制轮廓切削加工程序的场合，一般以工件的轮廓尺寸作为刀具轨迹进行编程，而实际的刀具运动轨迹则与工件轮廓有一定偏移量（即刀具半径），如图 3-21 所示。数控系统的这种编程功能称为刀具半径补偿功能。

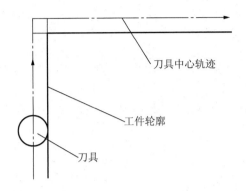

图 3-21 刀具半径补偿功能

2）刀具半径补偿指令。

指令格式：

```
G41/G42  G01/G00  X_  Y_  D_;
          ⋮
G40  G01/G00  X_  Y_;
```

指令说明：

① G41 为刀具半径左补偿指令，G42 为刀具半径右补偿指令。

② G41 与 G42 的判断方法是：处在补偿平面外另一轴的正方向，沿刀具的移动方向看，当刀具处在切削轮廓左侧时，称为刀具半径左补偿；当刀具处在切削轮廓的右侧时，称为刀具半径右补偿，如图 3-22 所示。

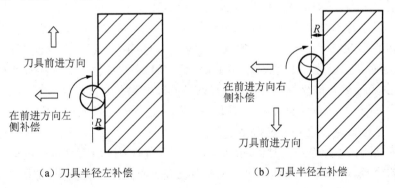

（a）刀具半径左补偿   （b）刀具半径右补偿

图 3-22 刀具半径补偿

③ G40 为取消刀具半径补偿。

④ D 为刀具半径补偿地址，如 D01 表示刀具半径补偿地址为 01 号；如果 D01=5，则表示补正值为 5mm。

3）刀具半径补偿过程。

刀具半径补偿过程如图 3-23 所示，共分 3 步，即刀补的建立、刀补的进行和刀补的取消。

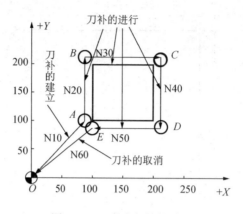

图 3-23　刀具半径补偿过程

程序如下：

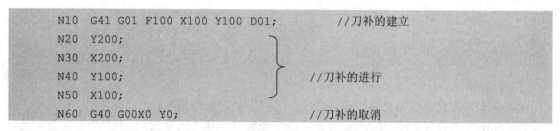

```
N10  G41 G01 F100 X100 Y100 D01;        //刀补的建立
N20  Y200;
N30  X200;
N40  Y100;                              //刀补的进行
N50  X100;
N60  G40 G00X0 Y0;                      //刀补的取消
```

① 刀补的建立。刀补的建立是指刀具从起点接近工件时，刀具中心从与编程轨迹重合过渡到与编程轨迹偏离一个偏置量的过程。该过程的实现必须有 G00 或 G01 指令才有效。

刀具补偿过程通过 N10 程序段建立。当执行 N10 程序段时，机床刀具的坐标位置由以下方法确定。将包含 G41 语句的下边两个程序段（N20、N30）预读，连接在补偿平面内最近两移动语句的终点坐标（图 3-23 中的 AB 连线），其连线的垂直方向为偏置方向，根据 G41 或 G42 来确定偏向哪一边，偏置的大小由偏置号 D01 中的数值决定。经补偿后，刀具中心位于图 3-23 中点 A 处，即坐标点［（100-刀具半径），100］处。

② 刀补的进行。在 G41 或 G42 程序段后，程序进入补偿模式，此时刀具中心与编程轨迹始终相距一个偏置量，直到刀补取消。

在补偿模式下，数控系统要预读两段程序，找出当前程序段刀位点轨迹与下一个程序段刀位点轨迹的交点，以确保机床把下一个工件轮廓向外补偿一个偏置量，如图 3-23 中的点 B、C 等。

③ 刀补的取消。刀具离开工件，刀具中心轨迹过渡到与编程轨迹重合的过程称为刀补取消，如图 3-23 中的 EO 程序段。

（3）刀具长度补偿

刀具长度补偿功能使刀具在垂直于进给平面的方向上偏移一个刀具长度修正值，因此在数控编程过程中，一般无须考虑刀具长度。这样，避免了由于加工运行过程中经常换刀而导致刀具长度的不同，给工件坐标系设定带来的困难。如果第一把刀具正常切削工件，而更换一把稍长的刀具后，如果工件坐标系不变，零件将被过切，甚至会发生碰撞。刀具长度补偿在发生作用前，必须先进行刀具参数的设置。

1）刀具长度补偿指令格式。

指令格式：

$$
\begin{Bmatrix} G17 \\ G18 \\ G19 \end{Bmatrix}
\begin{Bmatrix} G43 \\ G44 \\ G49 \end{Bmatrix}
\begin{Bmatrix} G00 \\ \\ G01 \end{Bmatrix}
X\_\ Y\_\ Z\_\ H\_\ ;
$$

指令说明：

① G17：刀具长度补偿轴为 Z 轴。

G18：刀具长度补偿轴为 Y 轴。

G19：刀具长度补偿轴为 X 轴。

② G43：正向偏置（补偿轴终点加上偏置值）。

G44：负向偏置（补偿轴终点减去偏置值）。

③ G49：取消刀具长度补偿。

④ X_ Y_ Z_：G00/G01 运动的坐标值，即为刀具长度补偿建立或取消的终点。

⑤ H：G43/G44 的参数，即刀具长度补偿偏置号（H00～H99），它代表了刀具表中对应的长度补偿值。

⑥ 进行长度补偿时，刀具长度补偿建立或取消必须要有 Z 轴移动的语句，如 G90 G43 G01 Z20 H01。当刀具长度补偿有效时，程序运行，数控系统根据刀具长度定位基准点使刀具自动离开工件一个给定的距离，从而完成刀具长度补偿，使刀尖（或刀心）相对于工件运动，而在刀具长度补偿有效前，刀具相对工件的坐标，是机床上刀具长度定位基准点 E 相对于工件的坐标。

⑦ 在加工过程中，为了控制切削深度或进行试切加工，也经常使用刀具长度补偿。采用的方法是：加工之前在实际刀具长度上加上退刀长度，存入刀具长度偏置寄存器中，加工时使用同一把刀具，调用加长后的刀具长度值，从而可以控制切削深度，而不用修正零件加工程序。

2）指令应用。

例如，刀具长度偏置寄存器 H02 中存放的刀具长度值为 9，对于数控铣床，执行语句 G90 G43 G01 H02 Z-17 后，刀具实际运动到 Z（-17+9）即 Z-8 位置，如图 3-24（a）所示；如果该语句改为 G90 G44 G01 H02 Z-17，则执行该语句后，刀具实际运动到 Z（-17-9）即 Z-26 位置，如图 3-24（b）所示。

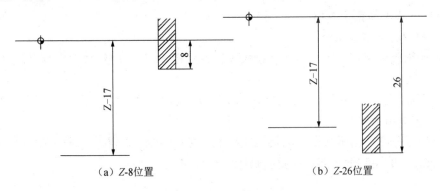

（a）Z-8位置　　　　　　　　　　　　　　（b）Z-26位置

图 3-24　刀具长度补偿

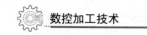

2. 坐标系旋转指令

对于某些围绕中心旋转得到的特殊轮廓，如果根据旋转后的实际加工轨迹进行编程，则可使坐标计算的工作量大大增加，而通过图形旋转功能，可以大大简化编程的工作量。

（1）坐标系旋转指令

指令格式：

```
G17  G68  X_  Y_  R ;
    G69;
```

指令说明：

① G68：坐标系旋转生效指令。

G69：坐标系旋转取消指令。

② X_ Y_：用于指定坐标系旋转的中心。

③ R：用于指定坐标系旋转的角度，R 值有"+"和"−"之分，顺时针旋转时为"−"，逆时针旋转时为"+"。

（2）坐标系旋转编程注意事项

① 在坐标系旋转取消指令（G69）之后的第一个移动指令必须用绝对值指定。如果采用增量值指定，则不执行正确的移动。

② 在坐标系旋转编程过程中，若需采用刀具补偿指令进行编程，则需在指定坐标系旋转指令后再指定刀具补偿指令；取消时，顺序与之相反。

③ 采用坐标系旋转指令编程时，要特别注意刀具的起点位置，以防止加工过程中产生过切现象。

3. 极坐标编程指令

（1）极坐标编程指令

指令格式：

```
G16  X_  Y_  R_;
G15;
```

指令说明：

① G16：极坐标系生效指令。

G15：极坐标系取消指令。

② 当使用极坐标指令后，坐标值以极坐标方式指定，即以极坐标半径和极坐标角度来确定点的位置。

③ 极坐标半径：当使用 G17、G18、G19 指令选择加工平面后，用所选平面的第一轴地址来指定，该值用正值表示。

④ 极坐标角度：用所选平面的第二坐标地址来指定极坐标角度，角度的正向是所选平面的第一轴正向的逆时针转向，而负向是顺时针转向。

（2）极坐标系原点

极坐标系原点的指定方式有两种：一种是以工件坐标系的零点作为极坐标系的原点；另一种是以刀具当前的位置作为极坐标系的原点。

当以工件坐标系零点作为极坐标系原点时，用绝对值编程方式来指定，如程序段"G90 G16"。极坐标半径值是指程序段终点坐标到工件坐标系原点的距离，极坐标角度是指程序段终点坐标与工件坐标系原点的连线与 X 轴的夹角，如图 3-25 所示。

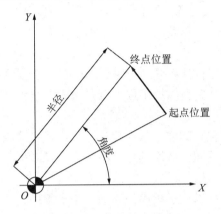

图 3-25 极坐标系原点

当以刀具当前位置作为极坐标系原点时，用增量值方式来指定，如程序段"G91 G16"。极坐标半径值是指程序段终点坐标到刀具当前位置的距离，角度值是指前一坐标原点与当前极坐标系原点的连线与当前轨迹的夹角。

4. 局部坐标系指令

当在工件坐标系中编制程序时，可以设定工件坐标系的子坐标系，子坐标系称为局部坐标系。

（1）设定局部坐标系指令

指令格式：

```
G52 X_  Y_  Z_;
        ⋮
G52 X0 Y0 Z0;
```

指令说明：

① 用指令"G52 X_ Y_ Z_;"可以在工件坐标系 G54～G59 中设定局部坐标系，指令中的"X_ Y_ Z_"是局部坐标系的原点在工件坐标系中的坐标值，在工件坐标系中指定了局部坐标系的位置。

② 用 G52 指定新的局部坐标系零点（该点是工件坐标系的值），可以变更局部坐标系的位置。

③ 用指令"G52 X0 Y0 Z0;"使局部坐标系零点与工件坐标系零点重合，即取消了局部坐标系，并在工件坐标系中工作。

（2）使用局部坐标系的注意事项

① 局部坐标系的建立不改变工件坐标系和机床坐标系。

② G52 指令暂时取消刀具半径补偿中的偏置。

5. 子程序指令

（1）子程序的定义

机床的加工程序可以分为主程序和子程序两种。主程序是一个完整的零件加工程序，或是零件加工程序的主体部分。它和被加工零件或加工要求一一对应，不同的零件或不同的加工要求，都有唯一的主程序。

在编制加工程序过程中，有时会遇到一组程序段在一个程序中多次出现，或者在几个程序中都要使用该程序段。这个典型的加工程序可以做成固定程序，并单独加以命名，这组程序段称为子程序。

子程序一般不可以作为独立的加工程序使用，只能通过调用，实现加工中的局部动作。子程序执行结束后，能自动返回到调用的程序中。

（2）子程序的嵌套

为了进一步简化程序，可以让子程序调用另一个子程序，这一功能称为子程序的嵌套。

当主程序调用子程序时，该子程序被认为是一级子程序。系统不同，其子程序的嵌套级数也不相同。例如，在 FANUC 0i 系统中，子程序可以嵌套 4 级。

（3）子程序的格式

在 FANUC 0i 系统中，子程序和主程序并无本质区别。子程序和主程序在程序号及程序内容方面基本相同，但结束标记不同。主程序用 M02 或 M30 表示主程序结束，而子程序则用 M99 表示子程序结束，并实现自动返回主程序功能。子程序格式如下所示：

```
O0100;
G01 Z-2;
    ⋮
G00 Z0;
M99;
```

对于子程序结束指令 M99，不一定要单独书写一行，如上面程序中的最后两行写成"G00 Z0 M99;"也是允许的。

（4）子程序的调用

在 FANUC 0i 系统中，子程序的调用可通过辅助功能代码 M98 指令进行，且在调用格式中将子程序的程序号地址改为 P，其常用的子程序调用格式有两种。

格式一：M98 P×××× L××××；

```
例1: M98 P100 L5;
例2: M98 P100;
```

其中，地址 P 后面的 4 位数字为子程序序号，地址 L 后面的数字表示重复调用的次数，子程序号及调用次数前的 0 可省略不写。如果只调用子程序 1 次，则地址 L 及其后的数字可省略。例如，例 1 表示调用子程序"0100"5 次，而例 2 表示调用子程序"0100"1 次。

格式二：M98 P×××××××；

例 3：M98 P50010；
例 4：M98 P0510；

地址 P 后面的 8 位数字中，前 4 位表示调用次数，后 4 位表示子程序序号，采用此种调用格式时，调用次数前的 0 可以省略不写，但子程序号前的 0 不可省略。例如，例 3 表示调用子程序"0010"5 次，而例 4 则表示调用子程序"0510"1 次。

子程序的执行过程如下所示：

主程序：

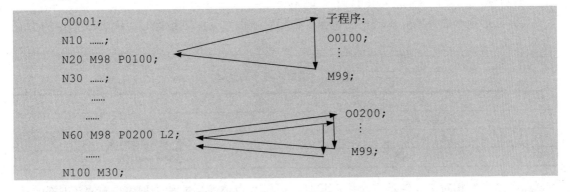

（5）子程序的应用

① 同一平面内多个相同轮廓形状工件的加工。若要在一次装夹中完成多个相同轮廓形状工件的加工，则编程时只编写一个轮廓形状加工程序，然后用主程序来调用子程序。

② 实现零件的分层切削。当零件在 Z 方向上的总背吃刀量比较大时，需采用分层切削方式进行加工，实际编程时，先编写该轮廓加工的刀具轨迹子程序，然后通过子程序调用方式来实现分层切削。

6. 镜像编程指令

（1）镜像指令功能

镜像编程也称为轴对称加工编程，是将数控加工刀具轨迹关于某坐标轴进行镜像变换而形成加工轴对称零件的刀具轨迹。对称轴（或镜像轴）可以是 X 轴、Y 轴，有时也可以关于原点对称。

镜像功能可改变刀具轨迹沿任一坐标轴的运动方向，它能给出对应工件坐标原点的镜像运动。如果只有 X 轴或 Y 轴的镜像，将使刀具沿相反方向运动。此外，如果在圆弧加工中只能定一轴镜像，则 G02 与 G03 的作用会反过来，左右刀具半径补偿 G41 与 G42 也会反过来。

镜像功能的指令（在 FANUC 0i 系统中）为 G51.1 和 G50.1。用 G51.1 指令建立镜像，由指定坐标后的坐标值指定镜像位置。镜像一旦确定，只能使用 50.1 指令来取消该轴镜像。

（2）镜像编程指令

指令格式：

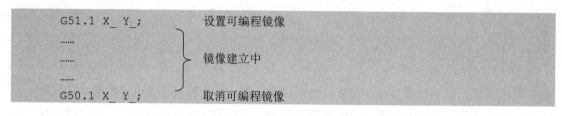

G51.1 X_ Y_ ;	设置可编程镜像
……	
……	镜像建立中
……	
G50.1 X_ Y_ ;	取消可编程镜像

指令说明：

① X_ Y_：用 G51.1 指定镜像的对称点（位置）和对称轴。

例如，G51.1 X0 表示关于 Y 轴对称，在坐标系中，$X=0$ 的轴为 Y 轴；G51.1 Y0 表示关于 X 轴对称，在坐标系中，$Y=0$ 的轴为 X 轴。

② 在指定平面内的一个轴上的镜像。在指定平面对某个轴镜像时，使表 3-3 中的指令发生变化。

表 3-3　镜像时指令的变化

指令	说明
圆弧指令	G02 和 G03 被互换
刀具半径补偿指令	G41 和 G42 被互换
坐标旋转指令	旋转方向被互换

③ 当工件相对某一轴具有对称形状时，可以利用镜像功能和子程序，只对工件的一部分进行编程，而能加工出工件的对称部分，这就是镜像功能。

第四节　数控铣床的操作

一、熟悉数控系统操作面板各按键的功能

FANUC 0i-Mate 数控系统的面板由数控系统操作面板和机床控制面板两部分组成，如图 3-26 所示。

图 3-26　FANUC 0i-Mate 数控系统面板（数控铣床）

图 3-26（续）

1. 数控系统操作面板

数控系统操作面板的具体内容参考第二章第四节的"一、熟悉数控系统面板各按键的功能"。

2. 数控铣床控制面板

数控铣床控制面板各功能按键的名称与功能如表 3-4 所示。

表 3-4　数控铣床控制面板各功能按键的名称与功能

名称	按键	功能
模式选择旋钮		EDIT：编辑方式，在此方式下进行程序的创建、修改、删除、编辑等操作 MDI：手动数据输入方式，即手动输入，手动执行程序，执行完程序并不保存在内存里 AUTO：自动加工方式，在此方式下才能自动执行程序 JOG：手动方式，在此方式下方可手动操作机床，如换刀、移动刀架等 HANDLE：手轮模式，在此方式下可通过手脉（手摇脉冲发生器）移动刀架 REF：回参考点方式，仅在此方式下可以使机床返回参考点
机床主轴手动控制键		第一个键表示主轴定向 第二个键表示手动主轴正转 第三个键表示手动停止主轴 第四个键表示手动主轴反转
手动移动机床键		这 6 个键代表手动方式下移动刀架和主轴的方向
倍率选择键		这 4 个键表示 4 种不同的快速进给倍率
运行控制开关		数控系统断电按钮
		数控系统加电按钮

续表

名称	按键	功能
运行控制开关		循环起动按钮,在自动或MDI方式下按此按钮,机床自动运行程序
		进给保持按钮,在程序自动运行的过程中,可随时让机床停止运行,保持现有状态
		进给率(F)调节按钮,调节程序运行中的进给速度,调节范围为0~150%
		主轴速度调节旋钮。调节主轴速度,调节范围为50%~120%
		空运行键,按下此键后各轴以固定的速度(G00)运动
		程序段跳步键,在自动方式下按下此键,跳过程序段开头带有"/"的程序
		单段键,此键按下后,每按一次程序启动键依次执行当前程序的一条指令
		选择停键,此键激活后,在自动方式下,遇有M00指令,程序停止

二、机床程序管理与编辑

具体内容可参考第二章第四节的"二、机床程序管理与编辑"。

第四章　特种数控加工

车、铣、刨、磨等加工方法通常称为传统加工，传统加工必须使用比加工对象更硬的刀具，通过刀具与加工对象的相对运动以机械能的形式完成加工。但目前难切削加工的材料越来越多，如硬质合金、淬火钢、金刚石、脆性材料、半导体、航空领域广泛使用的钛合金等。如何加工这些材料呢？

特种加工的出现解决了这一问题。

20 世纪 40 年代，苏联学者 B.P.拉扎连科夫妇研究开关触点遭受火花放电腐蚀损坏的现象和原因，发现电火花的瞬时高温可使局部的金属熔化、汽化而被腐蚀掉，从而开创和发明了电火花加工。他们用铜丝在淬火钢上加工了小孔的实验验证了用软的工具加工硬的金属材料这一事实，首次摆脱了传统的切削加工方法，直接利用电能、热能去处理金属，获得了"以柔克刚"的效果。

后来，由于各种先进技术的不断应用，产生了多种有别于传统机械加工的新加工方法。这些新加工方法被定义为特种加工，其加工原理是指将电能、电化学能、光能、声能、化学能等能量施加在工件的被加工部位上，从而实现材料去除、变形、改性或镀覆等加工。特种加工按加工时所采用的能量类型分为电火花加工、电化学加工、超声波加工、激光加工、电子束加工、离子束加工、快速成型等基本加工方法，以及由这些基本加工方法组成的复合加工方法。

20 世纪 60 年代末，上海电表厂张维良工程师在阳极-机械切割的基础上发明了我国独创的高速走丝线切割机床，上海复旦大学研制出电火花线切割数控系统。

20 世纪 80 年代，我国开发了场效应管脉冲电源、数控平动装置及工艺技术和低速走丝数控电火花线切割技术。

随着数控技术的飞速发展，近年来，英国 RP 公司和美国 GE 公司研制了五轴数控电解加工机床。我国南京航空航天大学研发了五轴数控展成电解加工机床和多轴联动数控系统。另外，还有数控激光加工设备、数控超声波加工设备、数控射流加工设备等。

第一节　数控电火花加工

一、电火花加工的原理

电火花加工（electrical discharge machining，EDM）是利用浸在工作液中的两极间脉冲放电时产生的电蚀作用蚀除导电材料的特种加工方法，又称放电加工或电蚀加工。

如图 4-1 所示是电火花加工原理示意图。由脉冲电源 2 输出的电压加在具有一定绝缘强度的液体介质（常用煤油或矿物油或去离子水）中的工件 1 和工具电极 4 上，自动进给调节装置 3（图中仅为该装置的执行部分），使电极和工件间保持很小的放电间隙。当脉冲电压加到两极之间，便将当时条件下极间最近点的液体介质击穿，形成放电通道。由于通道的截面积很小，放电时间极短，致使能量高度集中，放电区域的瞬时高温足以使材料熔化甚至汽化，以致形成一个小凹坑，如图 4-2 所示。第一次脉冲放电结束之后，经过很短的间隔时间，第二次脉冲又在另一极间最近点击穿放电。如此周而复始高频率地循环下去，工具电极不断地向工件进给，它的形状就可以复制在工件上，形成了需要的加工表面，整个加工表面由无数个小凹坑组成。与此同时，总能量的一小部分也释放到工具电极上，从而造成工具损耗。

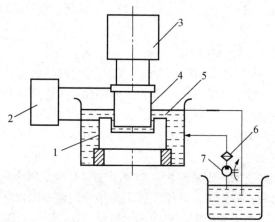

1—工件；2—脉冲电源；3—自动进给调节装置；4—工具电极；5—工作液；6—过滤器；7—液压泵

图 4-1　电火花加工原理示意图

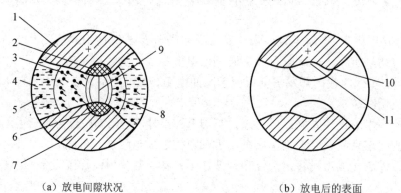

（a）放电间隙状况　　　　　　　（b）放电后的表面

1—阳极；2—阳极上抛出金属的区域；3—熔化的金属微粒；4—工作液；5—凝固的金属微粒；
6—阴极上抛出金属的区域；7—阴极；8—气泡；9—放电通道；10—翻边凸起；11—凹坑

图 4-2　放电间隙状况示意图

进行电火花加工必须具备以下 4 个条件：

（1）必须使接在不同极性上的工具和工件之间保持一定的距离以形成放电间隙。这个间隙的大小与加工电压、加工介质等因素有关，一般为 0.01～0.1mm。在加工过程中还必须用工具电极的进给调节装置来保持这个放电间隙，使脉冲放电能连续进行。

（2）火花放电必须在具有一定绝缘强度的液体介质中进行。液体介质还应能够将电蚀物从放电间隙中排除并对电极表面进行较好的冷却。

（3）脉冲波形基本是单向的。放电延续时间称为脉冲宽度，应小于10s，以使放电所产生的热量来不及从放电点过多地传导扩散到其他部位，从而只在极小的范围内使金属局部熔化，直至汽化。相邻脉冲之间的间隔时间称为脉冲间隔，它使电介质有足够的时间恢复绝缘状态（称为消电离），从而引起持续电弧放电，烧伤加工表面而无法保证尺寸精度。

（4）有足够的脉冲放电能量，以保证放电部位的金属熔化或汽化。

一次脉冲放电的过程可以分为电离、放电、热膨胀、抛出金属和消电离等几个连续的阶段。

① 电离。由于工件和电极表面存在着微观的凹凸不平，在两者相距最近的点上电场强度最大，会使附近的液体介质首先被电离为电子和正离子。

② 放电。在电场的作用下，电子高速奔向阳极，离子高速奔向阴极，并产生火花放电，形成放电通道。在这个过程中，两极间液体介质的电阻从绝缘状态的几兆欧姆骤降到几分之一欧姆。由于放电通道受放电时磁场力和周围液体介质的压缩，其截面积极小，电流强度很大。

③ 热膨胀。由于放电通道中电子和正离子高速运动时相互碰撞，产生大量的热能。阳极和阴极表面受高速电子和离子的撞击，其动能也转化为热能，因此，在两极之间沿通道形成了一个温度高达12000℃的瞬时高温热源。在热源作用区的电极和工件表面层金属会很快熔化，甚至汽化。通道周围的液体介质除一部分汽化外，另一部分被高温分解为有力的炭黑和 H_2、C_2H_2、C_2H_4、C_nH_{2n} 等气体（使工作液变黑，在极间冒出小气泡）。上述过程是在极短的时间（$10^{-7} \sim 10^{-5}$s）内完成的，因此，具有突然膨胀、爆炸的特性（可以听到噼啪声）。

④ 抛出金属。由于热膨胀具有爆炸的特性，爆炸力将熔化和汽化的金属抛入附近的液体介质中冷却，凝固成细小的圆球颗粒，其直径视脉冲能量而异（一般为0.1~500μm），电极表面则形成一个周围凸起的微小圆形凹坑。

⑤ 消电离。使放电区的带电粒子复合为中性的过程称为消电离。在一次脉冲放电后应有一段间隔时间，使间隙内的介质消电离而恢复绝缘强度，以实现下一次脉冲击穿放电。如果电蚀产物和气泡来不及很快排除，就会改变间隙内介质的成分和绝缘强度，破坏消电离过程，容易使脉冲放电转变为连续电弧放电，影响加工。

一次脉冲放电后，两极间的电压急剧下降到接近于零，间隙中的电介质立即恢复到绝缘状态。此后，两极间的电压再次升高，又在另一处绝缘强度最小的地方重复上述放电过程。多次脉冲放电的结果，使整个被加工表面由无数小的放电凹坑构成。工具电极的轮廓形状便被复制在工件上，达到加工目的。

二、电火花加工的分类和特点

1. 电火花加工的分类

按工具电极的形状、工具电极与工件电极的相对运动方式和用途，可将电火花加工归纳为五大类，即电火花成形加工（又称电火花穿孔成形加工）、电火花线切割加工、电火花磨削加工、电火花展成加工（即电火花同步共轭回转加工）、电火花表面处理，如图4-3所示。

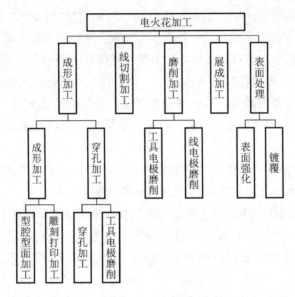

图 4-3　电火花加工的分类

2. 电火花加工的特点

（1）电火花加工的主要优点

① 适合难切削导电材料的加工。由于加工中材料的去除是靠放电时的电热作用实现的，材料的可加工性主要取决于材料的导电性、熔点、沸点、比热容、热导率等热学特性，几乎与其力学性能无关，因此，可以实现用软的工具加工硬韧的工件，如加工聚晶金刚石、立方氮化硼一类的超硬材料。目前，电极材料多采用纯铜（俗称紫铜）、黄铜或石墨，因此，工具电极较容易加工。

② 较适合复杂型面和特殊形状的加工。可以制作成形工具电极直接加工复杂型面，简单的工具电极靠数控系统完成复杂形状加工。可用成形电极加工异形孔，以及用特殊运动轨迹加工曲孔等。

③ 可加工薄壁、弹性、低刚度、微细小孔、异形小孔、深小孔等有特殊要求的零件。由于加工中工具电极和工件不直接接触，没有机械加工的切削力，因此，适宜低刚度工件加工及微细加工。目前能加工 0.005mm 的短细微轴和 0.008mm 的浅细微孔，以及直径小于1mm 的齿轮。在小深孔方面，可加工直径 0.8～1mm、深 500mm 的小孔，也可以加工圆弧形的弯孔。

④ 直接利用电能进行加工，易于实现加工过程的自动控制及实现无人化操作，并可减少机械加工工序，加工周期短，劳动强度低，使用维护方便。当前，电火花加工绝大多数采用数控技术，用数控电火花加工机床进行加工。

（2）电火花加工的局限性

① 主要用于加工金属等导电性材料，但在一定条件下，也可以加工半导体和非导体材料，这是当前的研究方向。如用高电压电解液法可加工金刚石、立方氮化硼、红宝石、玻璃等超硬非导电材料。

② 一般加工速度较慢。通常安排工艺时多采用切削加工来去除大部分余量，然后再进行电火花加工，以求提高生产效率。但已有研究成果表明，采用特殊水基不燃性工作液进行电火花加工，其生产效率甚至不亚于切削加工。

③ 存在电极损耗。由于电击损耗多集中在尖角或底面，因此影响成形精度。但近年来，粗加工时已能将电极相对损耗比降至 0.1%以下，甚至更小。

④ 工件表面存在电蚀硬层。工件表面由众多放电凹坑组成，硬度较高，不易去除，影响后续工序加工。

三、电火花加工的应用

1. 电火花成形加工的应用

由于电火花加工有其独特的优越性，再加上数控水平和工艺技术不断提高，其广泛应用于机械、航空航天、电子、核能、仪器、轻工等领域，用以解决各种难加工材料、复杂形状零件和有特殊要求的零件的制造，成为常规切削、磨削加工的重要补充和发展。模具制造是电火花成形加工应用最多的领域，而且非常典型。电火花成形加工在模具制造中的主要作用如下所述：

（1）高硬度零件加工。对于某些硬度较高的模具，或者硬度要求特别高的滑块、顶块等零件，在热处理后其表面硬度高达 50HRC 以上，采用机加工方式很难加工这么高硬度的零件，采用电火花加工则可以不受材料硬度的影响。

（2）型腔尖角部位加工。例如，锻模、热固性和热塑性塑料模、压铸模、挤压模、橡胶模等各种模具的型腔，常存在一些尖角部位，在常规切削加工中，由于存在刀具半径而无法加工到位，使用电火花加工可以完全成形。

（3）模具上的筋加工。在压铸件或塑料件上，常有各种窄长的加强筋或散热片，这种筋在模具上表现为下凹的深而窄的槽，用机加工的方法很难将其成形，而使用电火花加工可以很便利地完成。

（4）深腔部位的加工。由于加工时没有足够长度的刀具，或者这种刀具没有足够的刚性，不能加工具有足够精度的零件，此时可以用电火花进行加工。

（5）小孔加工。对于各种圆形小孔、异形孔的加工，如线切割的穿丝孔、喷丝版型孔等，以及长深比非常大的深孔，很难采用钻孔方法加工，而采用电火花或者专用的高速小孔加工机可以完成各种深度的小孔加工。

（6）表面处理。例如，刻制文字、花纹，对金属表面渗碳和涂覆特殊材料的电火花强化等。另外，通过选择合理的加工参数，也可以直接用电火花加工出一定形状的表面蚀纹。

2. 电火花线切割加工的应用

电火花线切割加工与电火花成形加工不同的是，它使用细小的电极丝作为电极工具，可以用来加工复杂型面、微细结构或窄缝的零件。电火花线切割加工的应用如下所述：

（1）加工模具零件。电火花线切割加工主要应用于冲模、挤压模、塑料模等模具零件。

目前，其加工精度已经达到可以与坐标磨床相竞争的程度，而且加工的周期短、成本低，操作系统简单。

（2）加工具有微细结构和复杂形状的零件。电火花线切割利用细小的电极丝作为火花放电的加工工具，又配有数控系统，因此，可以轻易地加工具有微细结构和复杂形状的零件。

（3）加工硬质导电材料。由于电火花线切割加工不靠机械切削，与材料硬度无关，因此，可以加工硬质导电的材料，如硬质合金材料。

另外，由于电火花线切割加工能一次成形，所以特别适合于新产品试制。一些关键部件，采用电火花线切割加工可以直接切制零件，无须模具，从而降低成本，缩短新产品的试制周期。由于电火花线切割加工用的电极丝尺寸远小于切削刀具尺寸（最细的电极丝尺寸可达0.02mm），用它切割贵重金属可减少很多切缝消耗，从而提高原材料利用率。

第二节　数控电火花线切割加工

一、数控电火花线切割的加工原理与特点

数控电火花线切割加工，是在电火花加工基础上发展起来的一种新的工艺形式。其应用广泛，除普通金属、高硬度合金材料外，也适用于人造金刚石、半导体材料、导电性陶瓷、铁氧体材料等加工，如图4-4所示。

图4-4　数控电火花线切割加工的精密零件

1. 数控电火花线切割的加工原理

数控电火花线切割加工的基本原理，是利用移动的细金属丝（钼丝、铜丝或金属丝）作为工具电极（接高频脉冲电源的负极），对工件（接高频脉冲电源的正极）进行脉冲火花放电，切割成型。

当来一个电脉冲时，在电极丝和工件之间可能产生一次火花放电，在放电通道的中心温度瞬时可达5000℃以上，高温使得工件局部金属熔化，甚至有少量汽化，高温也使电极丝和工件之间的工作液部分产生汽化，这些汽化的工作液和金属蒸气瞬间迅速膨胀，并具有爆炸的特性。靠这种热膨胀和局部微爆炸，抛出熔化和汽化了的金属材料而实现对工件材料进行电蚀线切割。

根据电极丝的运行方向和速度，数控电火花线切割机床通常分为两大类：一类是往复高速走丝（俗称快走丝）电火花线切割机床（WEDM-HS），走丝速度为8～10m/s，在我国广泛使用，是我国独创的电火花线切割加工模式；另一类是单向低速走丝（俗称慢走丝）电火花线切割机床（WEDM-LS），走丝速度低于0.2 m/s，是国外生产和使用的主要机种。

往复高速走丝电火花线切割加工原理示意如图4-5所示。它利用钼丝作工具电极进行切割，贮丝筒使钼丝做正反向交替移动，加工能源由脉冲电源供给，在电极丝和工件之间浇注工作液介质，工作台在水平面两个坐标方向各自按预定的控制程序，根据火花间隙状态做伺

服进给移动，从而合成各种曲线轨迹，把工件切割成形。

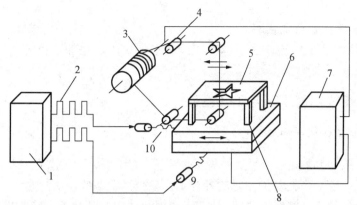

1—微机控制台；2—电脉冲信号；3—贮丝筒；4—导轮；5—工件；6—切割台；
7—脉冲电源；8—垫铁；9—步进电动机；10—丝杠。

图 4-5　往复高速走丝电火花线切割加工原理示意图

2. 数控电火花线切割的特点

（1）与传统的车、铣、刨、磨等加工方式相比，数控电火花线切割有如下特点：

① 由于采用直径不等的细金属丝作为工具电极，因此切割用的刀具简单，大大降低了生产准备工时。主要切割各种高硬度、高强度、高韧性和高脆性的导电材料，如淬火钢、硬质合金等。

② 电极丝直径较细，切缝很窄，不仅有利于材料的利用，而且适合加工微细异形孔、窄缝和复杂形状的工件。

③ 电极丝在加工中是移动的，可以完全或短时间不考虑电极丝损耗对加工精度的影响。

④ 利用计算机辅助制图自动编程软件，可以方便地加工形状复杂的直纹表面。

⑤ 依靠计算机对电极丝轨迹的控制和偏移轨迹计算，可方便地调整凹凸模具的配合间隙，依靠锥度切割功能，可实现凹凸模一次加工成形。尺寸精度可达 0.02～0.01mm，表面粗糙度 Ra 值可达 1.6μm。

⑥ 对于粗、中、精加工，只需调整电参数即可，操作方便，自动化程度高。

⑦ 在加工过程中，工作液一般为水基液或去离子水，可以实现安全无人操作。

⑧ 加工对象主要是平面形状，无法加工台阶、不通孔型零件；当机床加上能使电极丝做相应倾斜运动的功能后，可以实现锥面加工。

（2）与电火花成形相比，数控电火花线切割主要有如下特点：

① 需要制造复杂的成形电极。

② 能够方便快捷地加工薄壁、窄槽、异形孔等复杂结构零件。

③ 能够一次加工成形，在加工过程中不需要转换加工位置。

④ 由于采用移动的长电极丝进行加工，单位长度电极丝的损耗较小，从而对加工精度的影响较小，特别是在低速走丝线切割加工时，电极丝一次性使用，电极丝的损耗对加工精度的影响更小。

⑤ 工作液多采用水基乳化液，很少使用煤油，不易引燃起火，容易实现安全无人操作运行。

⑥ 没有稳定的拉弧放电状态。

⑦ 脉冲电源的加工电流较小，脉冲宽度较窄，属中、精加工范畴，采用正极性加工方式。

二、数控电火花线切割工艺与工装基础

1. 数控电火花线切割加工工艺

数控电火花线切割加工，一般是作为工件加工中的最后工序。要达到加工零件的精度及表面粗糙度要求，应合理控制加工时的各种工艺参数（电参数、切割速度、工件装夹等），同时应安排好零件的工艺路线及线切割加工前的准备加工。以模具制造为例，线切割加工的工艺过程如图 4-6 所示。

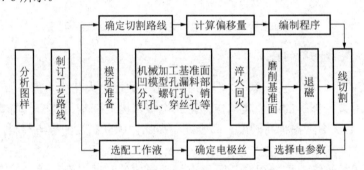

图 4-6　制造模具时的线切割加工工艺过程

数控电火花线切割加工的主要工艺指标如下：

（1）切割速度。线切割加工中的切割速度是指在保证一定的表面粗糙度的切割过程中，单位时间内电极丝中心线在工件上走过的面积的总和，单位为 mm^2/min。

最高切割速度是指在不计切割方向和表面粗糙度等条件下，所能达到的最大切割速度。通常高速走丝切割加工的切割速度为 $40\sim80mm^2/min$，它与加工电流大小有关，为了在不同的脉冲电源、不同加工电流下比较切割效果，将每安培电流的切割速度称为切割效率，一般切割效率为 $20mm^2/(min\cdot A)$。

（2）表面粗糙度。在我国和欧洲各国，表面粗糙度常用轮廓算术平均偏差 Ra（单位为 μm）来表示，高速走丝线切割的表面粗糙度一般为 $5.0\sim2.5\mu m$，最佳可达 $1.0\mu m$；低速走丝线切割的表面粗糙度可达 $1.25\mu m$，最佳可达 $0.2\mu m$。

采用线切割加工时，工件表面粗糙度的要求可较机械加工法降低半级到一级。此外，如果线切割加工的表面粗糙度等级提高一级，则切割速度将大幅下降。因此，图样中要合理地给定表面粗糙度。线切割加工所能达到的最好表面粗糙度是有限的。若无特殊需要，对表面粗糙度的要求不能太高。同样，加工精度的给定也要合理，目前，绝大多数数控线切割机床的脉冲当量一般为每步 0.001mm，由于工作台传动精度所限，加上走丝系统和其他影响，切割精度一般为 6 级左右。

（3）加工精度。加工精度是指所加工工件的尺寸精度、形状精度和位置精度的总称。它

包括切割轨迹的控制精度、机械传动精度、工件装夹定位精度，以及脉冲电源参数的波动、电极丝的直径误差、损耗与抖动、工作液脏污程度的变化、加工者的熟练程度等对加工精度的影响，这是一项综合指标。高速走丝线切割加工精度可达 0.02～0.01mm，低速走丝线切割加工精度可达 0.005～0.002mm。

2. 数控电火花线切割机床的工装

数控电火花线切割加工机床的工作台比较简单，一般在通用夹具上采用压板固定工件。为了适应各种形状的工件加工，机床还可以使用旋转夹具和专用夹具。工件装夹的形式与精度对机床的加工质量及加工范围有着明显的影响。

（1）在装夹工件的过程中一般要注意以下几点：

① 确认工件的设计基准或加工基准，尽可能使设计基准或加工基准与 X、Y 轴平行；

② 工件的基准面应清洁、无毛刺，经过热处理的工件，在穿丝孔内及扩孔的台阶处，要清除热处理残留物及氧化皮；

③ 工件的装夹位置有利于工件找正，并应与机床行程相适应；

④ 工件的装夹应确保加工中电极丝不会过分靠近或误切机床工作台；

⑤ 工件的夹紧力大小要适中、均匀，不得使工件变形或翘起。

（2）常用的装夹方式有以下几种：

① 悬臂支撑式装夹。如图 4-7 所示，这种方式装夹方便，通用性强，但由于工件一端悬伸，容易出现切割表面与工件上下平面间的垂直度误差。该方式仅用于工件加工要求不高或悬臂较短的情况。

② 垂直刃口支撑式装夹。如图 4-8 所示，工件装在具有垂直口的夹具上，此种方法装夹后工件能悬伸出一角便于加工，装夹精度和稳定性较悬臂式支撑好，便于找正。

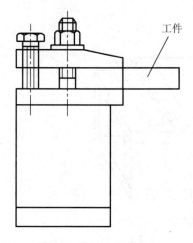

图 4-7　悬臂支撑式装夹

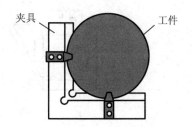

图 4-8　垂直刃口支撑式装夹

③ 两端支撑式装夹。如图 4-9 所示，这种方式装夹方便、稳定、定位精度高，但不适于装夹较小的零件。

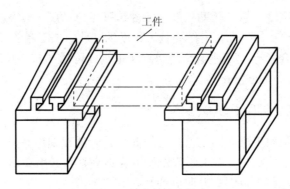

图 4-9 两端支撑式装夹

④ 桥式支撑式装夹。如图 4-10 所示，这种方式是在通用夹具上放置垫铁后再装夹工件。该方式装夹方便，大、中、小型工件都可采用。

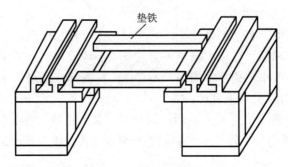

图 4-10 桥式支撑式装夹

⑤ 板式支撑式装夹。如图 4-11 所示，这种方式根据常用的工件形状和尺寸，采用有通孔的支撑板装夹工件，装夹精度高，但通用性差。

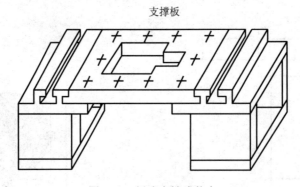

图 4-11 板式支撑式装夹

⑥ 复式支撑式装夹。该方式是在桥式夹具上再固定专用夹具。这种夹具可以很方便地实现工件的成批加工，并且能快速装夹工件，节省装夹工件过程中的辅助时间，特别是节省工件找正及对丝所耗费的时间，既提高了生产效率，又保证了工件加工的一致性。

⑦ V 形夹具支撑式装夹。该装夹方式适合于圆形工件的装夹。装夹时，工件素线要与端面垂直。在切割薄壁零件时，注意装夹力不能过大，以免工件变形。

⑧ 弱磁力夹具装夹。弱磁力夹具装夹工件迅速简便，通用性强，应用范围广，如图 4-12 所示，对于批量加工尤其便利。

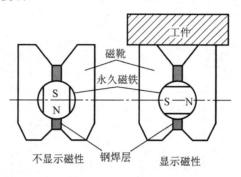

图 4-12 弱磁力夹具装夹

采用以上方式装夹工件，还必须配合找正法进行调整，使工件的定位基准面分别与机床的工作台面和工作台的进给方向 X、Y 保持平行，以保证所切割的表面与基准面之间的相对位置精度。

第三节 数控电化学加工

电化学加工（electrochemical machining，ECM）是特种加工的一个重要分支，主要利用电化学反应（或称为电化学腐蚀）对金属材料进行加工的一种方法。具体来说，是通过化学反应去除工件材料或者在其上镀覆金属材料等的特种加工，它主要包括从工件上去除金属的电解加工和向工件上沉积金属的电镀、涂覆加工两大类。

与机械加工相比，电化学加工不受材料硬度、韧性的限制。虽然电化学加工的有关理论在 19 世纪末已经建立，但真正在工业上得到大规模应用，还始于 20 世纪 30～50 年代。近年来，借助高新技术，在精密电铸、复合电解加工、电化学微细加工等方面发展较快。目前，电化学加工已成为一种不可缺少的微细加工方法，并被广泛应用于兵器、汽车、医疗器材、电子和模具等领域。

一、数控电化学加工原理

电化学加工原理如图 4-13 所示，两片金属铜板浸在氯化铜的水溶液中，此时 H_2O 离解为 OH^- 和 H^+，$CuCl_2$ 离解为 $2Cl^-$ 和 Cu^{2+}。当将两铜片接上约 10V 直流电源的正、负极时，即形成导电通路，导线和溶液中均有电流流过，在金属片（电极）和溶液的界面上，就会有交换电子的反应。溶液中的离子做定向移动，Cu^{2+} 正离子移向阴极，在阴极上得到电子进行还原反应，沉积出铜。在阳极表面，Cu 原子失掉电子而成为 Cu^{2+} 进入溶液。溶液中正、负离子的定向移动形成电荷迁移。在阴、阳极表面发生得失电子的化学反应称为电化学反应。利用这种电化学反应原理对金属进行加工（阳极上为电解蚀除，阴极上为电镀沉积，常用于提炼纯铜）的方法即电化学加工。其实任何两种不同的金属放入导电的水溶液中，在电场的作用下都会有类似的情况发生。阳极表面失去电子（氧化反应）产生阳极溶解、蚀除，俗称电解；阴极得到电子（还原反应），金属离子还原为原子，沉积到阴极表面，常称为电镀、电铸。

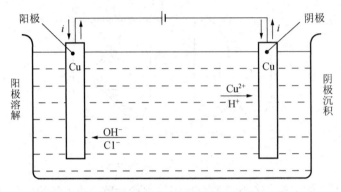

图 4-13　电化学加工原理

二、数控电化学加工的分类与特点

1. 数控电化学加工的分类

电化学加工大致分为 3 类（表 4-1）。按照电化学反应中的阳极溶解原理进行加工，属于第一类，主要有电解加工和电化学抛光等；按照电化学反应中的阴极沉积原理进行加工，属于第二类，主要有电镀、电铸等；利用电化学加工与其他加工方法相结合的电化学复合加工，归为第三类，主要有电解磨削、电化学阳极机械加工等。

表 4-1　电化学加工分类

类别	加工原理	加工方法	加工类型
I	阳极溶解	电解加工	用于形状、尺寸加工
		电化学抛光	用于表面加工，去毛刺
II	阴极沉积	电镀加工	用于表面加工，装饰
		局部涂镀	用于表面加工，尺寸修复
		复合电镀	用于表面加工，模具制造
		电铸	用于制造复杂形状的电极，复制精密、复杂的花纹模具
III	复合加工	电解磨削，包括电解珩磨和电解研磨	用于形状、尺寸加工，超精、光整加工，镜面加工
		电解电火花复合加工	用于形状、尺寸加工
		电化学阳极机械加工	用于形状、尺寸加工，高速切断，下料

2. 数控电化学加工的特点

（1）适用范围广。凡是能够导电的材料均可以加工，并且不受材料力学性能的限制。

（2）加工质量高。因为在加工过程中没有切削力的存在，所以工件表面一般无残余应力、无变质层。

（3）加工过程不分阶段。可以同时进行大面积加工，生产效率高。

（4）对环境有一定程度的污染。

三、数控电化学加工的适用范围

电化学加工的适用范围，因电解和电铸两大类工艺不同而不同。电解加工可以加工复杂成形模具和零件，如汽车、拖拉机连杆等各种型腔锻模，航空、航天发动机的扭曲叶片，汽轮机定子、转子的扭曲叶片，炮筒内管的螺旋"膛线"，齿轮、液压件内孔的电解去毛刺及扩孔、抛光等。电镀、电铸可以复制复杂、精细的表面。

第四节　数控激光加工

激光是 20 世纪 60 年代发展起来的一项重大科技成果，它的出现深化了人们对光的认识，扩展了光为人类服务的领域。在材料加工方面，已经形成一种崭新的加工方法——激光加工（简称 LBM）。目前，激光加工已较为广泛地应用于切割、打孔、焊接、表面处理、切削加工、快速成型、电阻微调、基板划片和半导体处理等领域。

激光加工是利用光的能量经过透镜聚光后，在焦点上达到很高的能量密度，靠光热效应来加工各种材料（图 4-14）。人们曾用透镜将太阳光聚焦，引燃纸张、木材等，但是红、橙、黄、绿、青、蓝、紫等多种不同波长的多色光，聚焦后焦点不在同一个平面。只有激光是可控的单色光，强度高、能量密度大，聚焦后可以在空气介质中将各种材料熔化、汽化，高速加工各种材料。

激光加工几乎可以加工任何材料，加工热影响区小，光束方向性好，其光束斑点可以聚焦到波长级，可以进行选择性加工、精密加工。

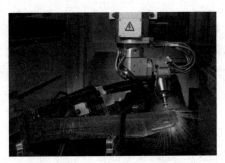

图 4-14　数控激光加工

一、激光的产生原理和特性

1. 激光的产生

激光的产生与光源内部原子的运动状态有关。原子内的原子核与核外电子间存在着吸引和排斥的矛盾。电子按一定半径围绕原子核运动，当原子吸收一定的外来能量或向外释放一定能量时，核外电子的运动轨道半径将发生变化，即产生能级变化，并发出光。

激光是由处于激发状态的原子、离子或分子受激辐射而发出的光。

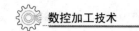

（1）自发与受激辐射

根据电子绕原子核转动距离的不同，可以把原子分成不同的能级。通常把原子所处的最低能级状态称为基态，能级比基态高的状态称为激发态。处于激发态的原子，在没有外界信号的作用下，自发地跃迁到低能态时产生的光辐射，称为自发辐射，其辐射出的光子频率由两个能级的能量差来决定，即

$$hv_{21} = E_2 - E_1$$

式中，h——普朗克常量；

v_{21}——原子跃迁产生的光波频率；

E_1、E_2——原子的低能级、高能级。

自发辐射的特点，是每个发生辐射的原子都可以被看作一个相互独立的发光单元，它们彼此毫无联系，因此，它们发出的光是四处散开的，这就是普通光。原子的自发辐射过程完全是一种随机过程。

根据上式可知，处于激发状态的原子，在频率为 v_{21} 的外界入射信号作用下，从 E_2 能级跃迁到 E_1 能级，在跃迁过程中，原子辐射出的光子能量为 hv_{21}，该光子与外界输入信号处于同一状态，这一辐射过程称为受激辐射。与此相反，处于低能级的原子在外界信号的作用下，从低能级跃迁到高能级的过程称为受激吸收。由于受激吸收作用的存在，使处于高能级（激发态）的原子数目大于处于低能级（基态）的原子数目的现象，称为粒子数反转。

受激辐射的特点，是所辐射出来的光子在方向、频率、相位、偏振状态等方面与原来"刺激"它的光子完全相同，因此，可以认为它们是一模一样的，相当于把入射光放大了，这就是受激辐射光，简称激光。受激吸收与受激辐射实际上是同时存在的。如果要使受激辐射占优势，就必须使处于高能级的原子数目超过低能级的原子数目。

（2）激光的形成

某些具有亚稳态能级结构的物质，在一定外来光子能量激发的条件下，会吸收光能，使处于高能级的原子数超过低能级上的原子数，即在粒子数反转的状态下，如果有一束光子照射该物体，而光子的能量恰好等于这两个能量级的能量差，这时就能产生受激辐射，输出大量的光能。

2. 激光的特性

激光除具有普通光的共性外，还具有单色性好、方向性好、相干性好和能量密度高等特性。

二、激光加工的原理与特点

1. 激光的加工原理

如图 4-15 所示为固体激光器加工的原理示意图。当加工物质（红宝石等具有亚稳态能级结构的物质）受到光泵（激励光源）的激发后，产生受激辐射跃迁，造成光放大并通过由两个反射镜 1、4 组成的谐振腔产生振荡，由谐振腔一端输出激光，经过透镜将激光束聚焦到工件的待加工表面上。该聚焦光斑的直径仅几微米到几十微米，而其能量密度可达 $10^8 \sim 10^{10} \mathrm{W/cm^2}$，温度可达 10000℃以上，因此，能在千分之几秒甚至更短的时间内熔化、汽化

任何材料。在微细加工方面，它的蚀除速度是其他加工方法无可比拟的。

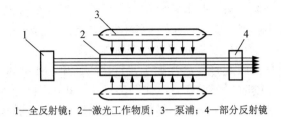

1—全反射镜；2—激光工作物质；3—泵浦；4—部分反射镜

图 4-15　激光器的结构

激光蚀除加工的物理过程大致可以分为材料对激光的吸收和能量转换，材料的加热熔化、汽化，蚀除产物的抛出几个连续阶段。

（1）材料对激光的吸收和能量转换

激光入射到材料表面上的能量，一部分被材料吸收用于加工，另一部分被反射、透射等损失掉。材料对激光的吸收与波长、材料性质、温度、表面状态、偏振特性等因素有关。

材料吸收激光后首先产生的不是热，而是某些质点的过量能量——自由电子的动能、束缚电子的激发能等。这些有序的原子激发能须经历两个步骤才能转化为热能。第一步是受激粒子运动的空间和时间随机化。这个过程在粒子的碰撞时间内完成，这个时间很短，甚至短于光波周期。第二步是能量在各质点间的均布。这个过程包含大量的碰撞和中间状态，并伴随若干能量转换机制，每种转换又具有特定的时间常数。例如，金属中受激运动的自由电子通过与晶体点阵的碰撞，将多余能量转化为晶体点阵的振动。在此瞬间内，热能仅作用于材料的激光辐照区，随后通过热传导使热量由高温区流向低温区。

（2）材料的加热熔化、汽化

材料吸收激光能，并转化为热能后，其受射区的温度迅速升高，首先引起材料的汽化蚀除，然后才产生熔化蚀除。开始时，汽化发生在大的立体角范围内，以后逐渐形成深的圆坑。一旦圆坑形成，蒸气便以一条较细的气流喷出，这时熔融材料也伴随着蒸气流溅出。开始阶段，圆坑不论在深度和直径上都在不断增大，但到一定时间后，圆坑直径的变化就变小了。这时，圆坑侧壁加热和破坏是受很多因素影响的，其中主要是激光束的散射随着深度的增加而增加，侧壁的温度随着深度的增加而降低。经过一段时间后，整个加工区域的加热速度有所降低，这是由于光束被蒸气和飞溅物所遮蔽，同时蒸气和飞溅物本身也在不断吸收热量。尽管加热速度下降，但加工区域的温度仍在上升，蒸气和熔融物也在不断地产生。这时熔融的液相相对增加，小气泡的增长速度在加剧，最后导致液相从激光作用区抛出。

（3）蚀除产物的抛出

由于激光照射加工区域内材料的瞬时急剧熔化、汽化，加工区内的压力迅速增加，并产生爆炸冲击波，使金属蒸气和熔融产物高速地从加工区喷射出来，熔融产物高速喷射时产生反冲力，又在加工区形成强烈的冲击波，进一步加强蚀除产物的抛出效果。

2. 激光加工的特点

（1）聚焦后，光能转化为热能，几乎可以熔化、汽化任何材料，如耐热合金、陶瓷、石英、金刚石等脆硬材料。

（2）激光的光斑大小可以聚焦到微米级，输出功率可以调节，因此可以进行精密微细

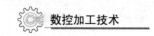

加工。

（3）加工所用工具是激光束，是非接触加工，没有明显的机械力，没有工具损耗问题。加工速度快，热影响区小，容易实现加工过程自动化。能在常温、常压下于空气中加工，还能通过透明体进行加工，如对真空管内部进行焊接加工等。

（4）和电子束加工等比较起来，激光加工装置比较简单，不要求有复杂的抽真空装置。

（5）激光加工是一种瞬时局部熔化、汽化的热加工，影响因素很多，因此，在精微加工时，精度尤其是重复精度和表面粗糙度不易保证，必须进行反复试验，寻找合理参数，才能达到一定的加工要求。由于光的反射作用，对于表面光泽或透明表面的加工，必须预先进行色化或打毛处理，使更多的光能被吸收后转化为热能用于加工。

（6）加工中会产生金属气体及火星等飞溅物，因此要注意通风将其抽走，操作者应戴防护眼镜。

三、激光加工的基本设备

激光加工设备的种类繁多，基本设备包括激光器、电源、光学系统及机械系统四大部分。

（1）激光器。激光器是激光加工的核心设备，它把电能转换成光能，产生激光束。

（2）电源。电源为激光器提供电能，以实现激光器和机械系统的自动控制。

（3）光学系统。光学系统主要包括聚焦系统和观察瞄准系统。后者能观察和调整光束的焦点位置，并将加工位置显示在投影仪上。

（4）机械系统。机械系统包括床身、能在三坐标范围内移动的工作台和机电控制系统等。随着电子技术的发展，目前已采用计算机来控制工作台的移动，实现激光加工的数控操作。

四、激光加工工艺及特点

由于激光加工技术具有许多其他加工技术无法比拟的优点，所以应用较广。目前已成熟的激光加工技术包括激光快速成形技术、激光焊接技术、激光打孔技术、激光打标技术、激光去重平衡技术、激光蚀刻技术、激光微调技术、激光画线技术、激光切割技术、激光热处理和表面处理技术等。

1. 激光打孔

激光打孔是激光加工的主要应用领域之一。激光打孔的方法主要有复制法和轮廓迂回法两种。激光打孔有如下特点：

（1）几乎能在所有的材料上打孔，如硬、脆、软和高强度等难加工材料上的微小孔、复合材料上的深小孔、与工件表面成各种角度的小孔及薄壁零件上的微孔等；

（2）能加工小至几微米的小孔，深径比可达 80：1；

（3）加工效率高，是电火花打孔的 12～15 倍，是机械钻孔的 200 倍；

（4）可加工各种异形孔。

2. 激光切割

激光切割的原理如图 4-16 所示。

激光切割是利用经聚焦的高功率密度激光束照射工件，在超过阈值功率密度的前提下，光束能量及活性气体辅助切割过程附加的化学反应热能等被材料吸收，由此引起照射点材料的熔化或汽化，形成孔洞；光束在工件上移动，便可形成切缝，切缝处的熔渣被一定压力的辅助气体吹除。

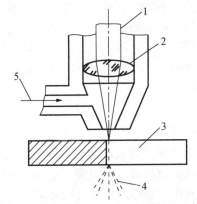

1—激光束；2—聚焦透镜；3—工件；4—熔渣；5—辅助气体

图 4-16　激光切割的原理

激光切割具有如下特点：

（1）激光束聚焦后功率密度高，能够切割任何难加工的高熔点材料、耐高温材料和硬脆材料等。

（2）割缝窄，一般为 0.1～1mm，割缝质量好，切口边缘平滑，无塌边，无切割残渣。

（3）非接触切割，被切割工件不受机械作用力，变形小。

（4）切割速度高，一般可达 2～4m/min。

3．激光焊接

在激光技术出现不久就有人开始了激光焊接技术的研究，激光焊接技术是激光在工业应用的一个重要方面，如图 4-17 所示，其工作过程如图 4-18 所示。

图 4-17　激光焊接应用

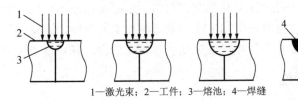

1—激光束；2—工件；3—熔池；4—焊缝

图 4-18　激光焊接过程示意图

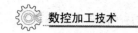

激光焊接具有如下特点：

（1）不仅能焊接同种材料，还能焊接不同种的材料，甚至可以焊接金属与非金属材料。

（2）焊缝深宽比大，比能小，热影响区小，特别适合精密、热敏感部件的焊接。

（3）具有熔化净化效应，能纯净焊缝金属。

（4）一般不加填充金属。

（5）激光可透过透明体进行焊接，以防止杂质污染和腐蚀，适用于精密仪表和真空元件的焊接。

4. 激光表面处理

激光表面处理工艺主要有激光表面淬火、激光表面合金化等。

（1）激光表面淬火是利用激光束扫描材料表面，使金属表层材料产生相变甚至熔化，随着激光束离开工件表面，工件表面的热量迅速向内部传递而形成极高的冷却速度，使表面硬化，从而提高零件表面的耐磨性、耐腐蚀性和疲劳强度。

（2）激光表面合金化是利用激光束的扫描照射作用，将一种或多种合金元素与工件表面快速熔凝，从而改变工件表面层的化学成分，形成具有特殊性能的合金化层。

5. 激光微调电阻

激光微调电阻可采用两种方法：一种方法是对电阻进行无损伤照射，使膜的结构变化，从而改变阻值；另一种方法是对电阻进行高能量照射，使部分电阻膜汽化去除，从而减小导电膜的截面来增加阻值。

第五节　超声波加工

超声波加工（ultrasonic machining，USM）也称为超声加工，是特种加工的一种。有些特种加工，如电火花加工和电化学加工只能加工金属导电材料，不易加工不导电的非金属材料。而超声波加工不仅能加工硬质合金、淬火钢等硬脆金属材料，还适合于加工玻璃、陶瓷、半导体锗和硅片等不导电的非金属脆硬材料，同时还可以用于清洗、焊接和探伤等，在工业、医疗、国防等领域应用广泛。

超声波加工技术在工业中的应用始于 20 世纪 50 年代，它是以经典声学理论为基础，同时结合电子技术、计量技术、机械振动和材料学等学科领域的成就发展起来的一门综合技术。1951 年，美国的 A.S.科恩制成第一台实用的超声波加工机。50 年代中期，日本、苏联将超声波加工与电加工（如电火花加工和电解加工等）、切削加工结合起来，开辟了复合加工的领域。这种复合加工的方法能改善电加工或金属切削加工的条件，提高加工效率和质量。在脆硬金属导电材料，特别是在不导电的非金属材料加工方面，超声波加工具有明显的优势。

一、超声波的概念及特性

声波是人耳能感受的一种纵波，它的频率在 16～1600Hz 范围内。当声波频率超过 1600Hz，超出一般人耳的听觉范围时，就称为超声波，主要包括纵波、横波、表面波、板波等。

超声波与声波一样，可以在气体、液体、固体、固溶体等介质中有效传播，具有如下特性：

（1）超声波能传递很大的能量，其作用主要是对传播方向上的障碍物施加压力（声压）。可以说，声压大小表示超声波的强度，传播的波动能量越强，压力越大。

（2）当超声波在液态介质中传播时，会在介质中连续形成压缩和稀疏区域，产生压力正负交变的液压冲击和空化现象；利用巨大的液压冲力使零件表面破坏，引起固体物质分散、破碎等。

（3）超声波通过不同介质时，在界面上发生波速突变，产生波的反射和折射现象，可能会改变振动模式。能量反射的大小，决定于这两种极致的波阻抗，波阻抗是指介质密度与波速的乘积，其值相差越大，超声波通过界面时的能量反射率就越高。

（4）超声波在一定条件下，会产生波的干涉和共振现象，使得超声波的传播具有方向性。

另外，超声波的传播速度容易受温度影响，容易衰减（在液体和固体中衰减较小）；超声波可以聚焦，并且在两种不同介质的界面处反射强烈，在许多场合必须使用耦合剂或匹配材料。

二、超声波加工的基本原理

超声波加工是利用超声振动的工具，带动工件和工具间的磨料悬浮液冲击和抛磨工件的被加工部位，使其局部材料被蚀除而成粉末，以进行穿孔、切割和研磨等，以及利用超声波振动使工件相互结合的加工方法。

1. 超声波的效应

超声波加工时，通常通过超声波加工设备实现电磁振动、磁致伸缩效应、压电效应、静电引力、其他形式的机械振动等产生超声波，从而实现机械效应，对工件进行清洗、加工、抛光等；实现声学效应，进行超声波探测；实现热效应，进行超声波焊接；实现空化效应，进行乳化、雾化。另外，还可实现化学效应，如纯的蒸馏水经超声波处理后产生过氧化氢，溶有氮气的水经超声波处理后产生亚硝酸，染料的水溶液经超声波处理后会变色或褪色等；还可以实现生物效应，加快植物种子发芽。

2. 超声波加工的原理

超声波加工是利用工具端面做超声频振动，通过磨料悬浮液加工脆硬材料的一种方法。

超声波加工的基本原理如图4-19所示。在工具和工件之间加入液体（水或煤油等）和磨料混合悬浮液，并使工具以很小的力轻轻压在工件上。超声波发生器产生16000Hz以上的超声频纵向振动，并借助变幅杆把振幅放大到0.05～0.1mm，驱动工具端面做超声振动，迫使工作液中悬浮磨粒以很大的速度和加速度不断撞击、抛磨被加工表面，把被加工表面的材料粉碎成很细的微粒，从工件上打击下来。

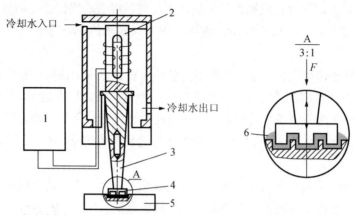

1—超声波发生器；2—换能器；3—变幅杆；4—工具；5—工件；6—磨料悬浮液

图4-19 超声波加工的基本原理

虽然每次打击下来的材料很少，但由于每秒钟打击的次数多达16000次以上，所以仍有一定的加工速度。与此同时，工作液受工具端面超声振动作用而产生的高频、交变的液压正负冲击波和空化作用，促使工作液钻入被加工材料的细微裂缝处，加剧了机械破坏作用。

其中，空化作用是指当工具端面以很大的加速度离开工件表面时，加工间隙内形成负压和局部真空，在磨料液内形成很多微空腔；当工具端面又以很大的加速度接近工件表面时，空泡闭合，引起极强的液压冲击波，从而强化加工过程，使脆性材料的加工部位产生局部疲劳，引起显微裂纹，出现粉碎破坏，随着加工的不断进行，工具的形状就逐渐"复制"在工件上。

总而言之，超声波加工是磨料在超声波振动作用下的机械撞击和抛磨作用与超声波空化作用的综合结果，其中磨料的连续冲击、撞击的作用是很重要的。

三、超声波加工的特点

（1）不受材料是否导电的限制，适合加工各种脆硬材料，被加工材料脆性越大越容易加工，材料越硬或强度、韧性越大反而越难加工；尤其适合加工不导电的非金属材料，如玻璃、陶瓷、石英、宝石、金刚石等。

（2）工具对工件的宏观作用力小，热影响小，表面粗糙度好，因而可加工薄壁、窄缝薄片工件。

（3）由于工件材料的碎除主要靠磨料的作用，磨料的硬度应比被加工材料的硬度高，而工具的硬度可以低于工件材料，工具可用较软的材料做较复杂的形状。

（4）工具与工件相对运动简单，超声波加工设备的结构简单。

（5）切削力小、切削热少，不会引起变形及烧伤，加工精度与表面质量也较好。

（6）可以与其他多种加工方法结合应用，如超声振动切削、超声电火花加工和超声电解加工等。

参 考 文 献

[1] 徐为荣. 数控加工技术[M]. 北京：科学出版社，2017.

[2] 杨宗斌. 数控加工技术[M]. 北京：高等教育出版社，2017.

[3] 人力资源社会保障部教材办公室. 数控加工技术[M]. 2版. 北京：中国劳动社会保障出版社，2019.